Rébecca Bonnaire

L'instrumentation antérieure pour le traitement de la scoliose

Rébecca Bonnaire

L'instrumentation antérieure pour le traitement de la scoliose

Etude biomécanique par modélisation numérique

Presses Académiques Francophones

Impressum / Mentions légales

Bibliografische Information der Deutschen Nationalbibliothek: Die Deutsche Nationalbibliothek verzeichnet diese Publikation in der Deutschen Nationalbibliografie; detaillierte bibliografische Daten sind im Internet über http://dnb.d-nb.de abrufbar.

Alle in diesem Buch genannten Marken und Produktnamen unterliegen warenzeichen-, marken- oder patentrechtlichem Schutz bzw. sind Warenzeichen oder eingetragene Warenzeichen der jeweiligen Inhaber. Die Wiedergabe von Marken, Produktnamen, Gebrauchsnamen, Handelsnamen, Warenbezeichnungen u.s.w. in diesem Werk berechtigt auch ohne besondere Kennzeichnung nicht zu der Annahme, dass solche Namen im Sinne der Warenzeichen- und Markenschutzgesetzgebung als frei zu betrachten wären und daher von jedermann benutzt werden dürften.

Information bibliographique publiée par la Deutsche Nationalbibliothek: La Deutsche Nationalbibliothek inscrit cette publication à la Deutsche Nationalbibliografie; des données bibliographiques détaillées sont disponibles sur internet à l'adresse http://dnb.d-nb.de.

Toutes marques et noms de produits mentionnés dans ce livre demeurent sous la protection des marques, des marques déposées et des brevets, et sont des marques ou des marques déposées de leurs détenteurs respectifs. L'utilisation des marques, noms de produits, noms communs, noms commerciaux, descriptions de produits, etc, même sans qu'ils soient mentionnés de façon particulière dans ce livre ne signifie en aucune façon que ces noms peuvent être utilisés sans restriction à l'égard de la législation pour la protection des marques et des marques déposées et pourraient donc être utilisés par quiconque.

Coverbild / Photo de couverture: www.ingimage.com

Verlag / Editeur:
Presses Académiques Francophones
ist ein Imprint der / est une marque déposée de
OmniScriptum GmbH & Co. KG
Heinrich-Böcking-Str. 6-8, 66121 Saarbrücken, Deutschland / Allemagne
Email: info@presses-academiques.com

Herstellung: siehe letzte Seite /
Impression: voir la dernière page
ISBN: 978-3-8416-2475-8

DÉDICACE

À mon parrain, ma mère, mon père et ma sœur,

Pour leur soutien quotidien.

REMERCIEMENTS

Je tiens tout d'abord, à remercier mon directeur de recherche le Dr Carl-Éric Aubin, professeur titulaire au département de génie mécanique de l'École Polytechnique de Montréal, pour m'avoir confié ce projet et guidé tout au long de celui-ci. Je le remercie de m'avoir permis de découvrir de nouveaux aspects du génie biomédical. Je tiens également à le remercier pour m'avoir appris à être méthodique et à communiquer efficacement mes idées.

Je remercie aussi ma codirectrice de recherche, le Dre Isabelle Villemure, professeur titulaire au département de génie mécanique de l'École Polytechnique de Montréal, pour m'avoir suivi tout au long de ce projet. Je la remercie de m'avoir fait découvrir la mécanobiologie et ses applications.

Je remercie également mon codirecteur de recherche, le Dr Stefan Parent, chirurgien orthopédiste au CHU Ste-Justine et professeur adjoint au département de chirurgie de l'Université de Montréal. Il m'a beaucoup appris sur l'aspect clinique du projet et ses enjeux. Ce fut un plaisir d'échanger sur ce domaine qui m'était beaucoup moins connu.

Je souhaiterais aussi remercier Nadine Michèle Lalonde, ancienne stagiaire post-doctorante du laboratoire de modélisation biomécanique et de chirurgie assistée par ordinateur (LBMCAO), pour m'avoir transmis ses savoirs sur ce projet et suivi au commencement de celui-ci.

J'aimerais souligner la précieuse aide apportée par Julie Joncas, infirmière de recherche au cours de ce projet. Elle m'a permis de participer à plusieurs cliniques externes de scoliose ou à suivre des patients avant leur chirurgie, ce qui m'a permis d'approfondir mes connaissances sur les aspects cliniques de mon projet. Je tiens également à souligner son aide pour les démarches auprès du comité d'éthique de la recherche du centre de recherche du CHU Sainte-Justine.

Je tiens également à remercier Nathalie Jourdain, coordinatrice du programme MENTOR, pour son aide lors de la réalisation de mon stage en milieu clinique et de m'avoir permis de participer à plusieurs chirurgies de la scoliose.

Je remercie aussi Souad Rhalmi, assistante de recherche en chirurgie expérimentale. Elle m'a permis de découvrir les enjeux et les difficultés techniques des études expérimentales. Ce fut également un réel plaisir de discuter avec elle.

Je souhaiterais également remercier les différentes personnes rencontrées lors de conférences, qui m'ont permis de découvrir d'autres aspects liés à mes recherches, et particulièrement Dr Ian A.F. Stokes, professeur émérite au département d'orthopédie et de réadaptation de l'Université du Vermont, USA.

Je voulais aussi remercier Philippe Labelle au CHU Sainte-Justine, pour avoir réalisé les reconstructions 3D des patients nécessaires à mon étude et pour m'avoir aidé à les utiliser adéquatement dans mon modèle éléments finis.

Mes chaleureux remerciements vont à tous les membres du personnel et les étudiants actuels ou anciens du LBMCAO et du laboratoire de mécanobiologie de l'École Polytechnique de Montréal et du CHU Sainte-Justine, pour leur partage d'expériences et leur soutien. Je pense entre autre à Éric, Maxime, les Frédérique, Betty, Diane, Bahe, Mark, Olivier, Franck, Jérome, Julien, Rohan, Marcos, Christina, Saba, Amélie, Anaïs, Nathalie, Christian, Anne-Laure, Irène …

Pour finir, j'aimerais remercier les gens qui m'ont soutenu moralement durant ce projet avec en particulier, mes parents, Jean-François et Myriam, ma sœur, Anne-Coralie, et mon parrain Jacques ainsi que mes amis d'ici et d'ailleurs, comme Myriam, Luc, Doc, Wyatt, Patrick, Fanny, Corco, Nicolas, Hélène, Sylvain, Alexandre, Isabelle, Nancy, les nombreux Sébastien, Annaelle, Pierre, Frédéric, Raphael, Benoit, Julie, Aurore, …

Ce projet a été financé par le Conseil de Recherches en Sciences Naturelles et en Génie du Canada (CRSNG) dans le cadre de la chaire de recherche industrielle CRSNG-Medtronic en biomécanique de la colonne vertébrale.

RÉSUMÉ

La scoliose est une déformation 3D du rachis, qui a une prévalence d'environ 2% de la population, dont la progression peut être ralentie voire stoppée par le port d'un corset ou réduite par une chirurgie postérieure.

D'autres chirurgies par abord antérieures sont également possibles. Ces chirurgies ont une faisabilité et une efficacité reconnues pour la correction de la déformation dans le plan frontal, mais pas dans les autres plans de l'espace. En outre, des chirurgies minimalement invasives de modulation de croissance vertébrale, qui sont généralement réalisées par abord antérieur, sont en cours de développement pour traiter des scolioses où la déformation est moyennement importante et risque fortement de progresser. La faisabilité de ces chirurgies a été démontrée, alors que son efficacité n'est pas pleinement reconnue.

La réduction pré-instrumentation, consistant à diminuer la déformation scoliotique avant l'insertion des implants, serait un moyen d'améliorer la correction chirurgicale dans le plan frontal et sagittal. L'hypothèse de ce projet est donc que la réduction de la déformation scoliotique pré-instrumentation a une influence cliniquement et statistiquement significative ($p<0,05$) sur la correction dans le plan frontal et sagittal du rachis scoliotique lors d'une instrumentation antérieure. La correction dans le plan frontal et sagittal est caractérisée par la mesure de l'angle de Cobb de la courbure principale, de la lordose lombaire et de la cyphose thoracique, de la cunéiformisation des disques intervertébraux et des contraintes dans les plaques de croissance épiphysaires. L'objectif principal de ce projet est d'étudier la contribution de cette réduction sur le résultat de chirurgies antérieures.

Un modèle éléments finis (MÉF) du rachis scoliotique a été développé afin de simuler les différentes étapes de la chirurgie, i.e. la mise en position peropératoire du patient, les différentes manœuvres chirurgicales et le retour en position debout du patient. Les implants sont représentés par un câble relié aux corps vertébraux par des liens rigides. Différentes stratégies de chirurgie sont modélisables par la modification de la force exercée

iv

par le chirurgien sur la colonne avant instrumentation, et des caractéristiques du câble : matériau, tension initiale, distance par rapport aux corps vertébraux.

Afin d'évaluer le comportement mécanique du modèle par rapport à un rachis réel, une comparaison avec des tests mécaniques in vitro de compression (150N et 750N), d'inclinaison latérale (7,5Nm), de torsion (7,5Nm) et de flexion latérale (150N) a été faite pour l'unité fonctionnelle L1-L2. Une étude de sensibilité des propriétés mécaniques du modèle a également était faite, par la réalisation d'un plan d'expériences 2^{5-1} à partir des données d'un patient. L'expérience réalisée était la simulation d'une chirurgie antérieure avec une force de 150N exercée sur le rachis, des câbles en acier ayant une tension initiale de 50N et distant de 0,5 cm par rapport aux corps vertébraux. Les paramètres dépendants étaient l'angle de Cobb de la courbure principale, la lordose lombaire et la cyphose thoracique, la cunéiformisation des disques intervertébraux de la zone instrumentée et l'asymétrie des contraintes dans les plaques de croissance dans cette même zone. Pour évaluer la simulation du positionnement du patient peropératoire, une comparaison entre l'angle de Cobb, la translation verticale apicale (TVA) thoracique et lombaire et la hauteur obtenue sur des radiographies du patient en décubitus latéral et dans le modèle a été faite pour 15 patients. Le même type d'étude a été réalisé pour l'évaluation du positionnement postopératoire.

À partir de ce modèle, trois stratégies de chirurgie ont été modélisées sur 6 patients. Pour chaque stratégie, le câble était en acier, il avait une tension initiale de 50N et sa distance par rapport aux corps vertébraux était de 0,5 cm. La réduction pré-instrumentation était soit sans l'ajout d'effort externe sur le rachis (stratégie 1), soit obtenue par l'application d'une force de 50N sur le rachis (stratégie 2), soit par l'application d'une force de 150N sur le rachis (stratégie 3). Les résultats des stratégies 1 et 2 et les résultats des stratégies 1 et 3 ont été comparés par un test t de Student pairé. Le même type d'étude a été réalisé afin d'étudier l'impact de la tension initiale dans le câble en polyéthylène.

Pour étudier l'influence de la réduction pré-instrumentation par rapport à d'autres paramètres d'instrumentation, un plan d'expériences mixtes $3^2 2^1$ a été réalisé sur 6 patients.

Les paramètres indépendants étaient la réduction pré-instrumentation obtenue par une force exercée sur le rachis allant de 50 à 150N, le matériau du câble (acier, polyéthylène, Nitinol) et la distance du câble par rapport aux corps vertébraux allant de 0,5 cm à 1 cm (paramètre étudié sur un seul patient). Les paramètres dépendants étaient identiques à ceux de l'étude de sensibilité. Enfin, afin de comparer l'influence des paramètres importants d'après les trois précédentes études, un dernier plan d'expériences 2^3 a été réalisé. Les paramètres indépendants étaient la réduction pré-instrumentation obtenue par une force exercée sur le rachis allant de 50 à 150N, le matériau du câble (acier, polyéthylène) et la tension initiale dans le câble allant de 50 à 150N. Les paramètres dépendants étaient les mêmes que pour le plan d'expériences précédent.

L'erreur maximale sur le test de compression et de flexion latérale est de 0,25mm, sur le test d'inclinaison latérale de 0,25mm et 1,1°, et sur le test de torsion de 0,3° par rapport à des données expérimentales. L'étude de sensibilité révèle que les propriétés mécaniques de l'annulus sont les seuls paramètres à avoir une influence cliniquement et statistiquement significative sur la correction simulée. L'erreur moyenne sur le positionnement peropératoire par rapport à des mesures sur radiographies est de 2,5° pour l'angle de Cobb, 2,3 mm pour la TVA thoracique, 1,4 mm pour la TVA lombaire et 3,6 mm pour la hauteur. L'erreur moyenne sur le positionnement postopératoire par rapport à des mesures sur radiographies, est de 0,3° pour l'angle de Cobb, 0,05 mm pour la TVA thoracique, 0,05 mm pour la TVA lombaire et 0,05 mm pour la hauteur.

L'exploitation du MÉF a permis de déterminer que la réduction pré-instrumentation de la déformation scoliotique a une influence cliniquement et statistiquement significative sur la correction dans le plan frontal uniquement. Cette réduction peut avoir une influence statistiquement et cliniquement significative sur la cunéiformisation des disques intervertébraux dans le plan frontal et sur l'asymétrie des contraintes internes dans les plaques de croissance. Le matériau du câble a une influence plus importante que la réduction pré-instrumentation sur les résultats de la chirurgie. Par contre, la distance du câble par rapport aux corps vertébraux a une influence négligeable. Enfin la tension initiale dans le câble a une influence significative sur la correction dans le cas de câble souple.

Dans ce projet, la réduction pré-instrumentation est évaluée comme composante de la chirurgie afin d'améliorer la correction. Ce paramètre est comparé à d'autres paramètres de chirurgie tels que le matériau du câble, la tension initiale dans le câble et la distance du câble par rapport aux corps vertébraux. En outre, la simulation de l'instrumentation tient compte du positionnement du patient et permet la mesure de la correction de l'asymétrie des contraintes dans les plaques de croissance, éléments non pris en compte dans d'autres simulations de chirurgie.

Ce projet permet une première étude des paramètres de chirurgie importants lors d'instrumentation antérieure. Le MÉF pourrait être raffiné afin de tenir compte du design des implants (agrafes, micro-agrafes, agrafes vissées, ...) ou d'intégrer la croissance et donc l'observation à long terme du résultat de la chirurgie. Grâce à ce raffinement, l'influence du design de l'implant sur la correction dans le plan frontal et sagittal pourrait être étudiée.

ABSTRACT

Scoliosis is a 3D deformation of the spine, which has a prevalence of 2% of the population. The treatment of scoliosis includes observation, bracing to limit progression of moderate curves and surgery for severe deformities.

Surgery can be performed through a posterior approach or through an anterior approach. Efficacy and feasibility of surgeries performed through an anterior approach are demonstrated in the literature to correct spine deformities just in the coronal plane. Growth modulation has also been recently proposed as a mean to prevent progression, reduce curve severity and preserve mobility. Fusionless minimally invasive surgeries, which are practised by anterior approach, are developing to treat a meanly spine deformation risking to progress. Feasibility of these surgeries was demonstrated, but not their efficacy.

Pre-instrumentation reduction, consisting to reduce scoliotic deformation before implants insertion, could be a mean to improve surgery correction in frontal and sagittal plane. The project's hypothesis is that pre-instrumentation reduction of scoliotic deformity has a clinically and statically significant influence ($p<0.05$) on the correction in frontal and sagittal plane of the scoliotic spine during an anterior instrumentation. The correction in frontal and sagittal plane is characterised by reduction of the Cobb angle for the principal curvature, the thoracic kyphosis, the lumbar lordosis, intervertebral disc wedging in the frontal plane and internal strain of the epiphyseal growth plate. The main objective of the project is to determine the contribution of this reduction in the overall changes seen post-operatively.

Finite elements model (FEM) of scoliotic spine was developed to simulate the different steps of the surgery: per-operative positioning of the patient, surgery manipulation and post-operative positioning of the patient (comeback in stand-up position). Implants modeled include a cable, linked to vertebras by rigid link elements. Different study configurations were modeled by changing the force applied by the surgeon to the spine before instrumentation and the cable characteristic: material type, initial tension, distance between the cable and vertebras.

To evaluate the mechanical behaviour of the model, a comparison between in-vitro and simulated mechanical tests of compression (150N and 750N), bending (7.5Nm), torsion (7.5Nm) and lateral flexion (150N) was done in the L1-L2 functional unit. A sensibility study of mechanical properties of the model was also done using an experimental plan 2^{5-1} with data of one patient. The experimental design was the simulation of an anterior surgery with a 150N force applied to the spine using a steel cable with 50N initial tension with a distance of 0.5 cm between the implant and the vertebras. Dependant parameters were Cobb angle of the principal curvature, lumbar lordosis and thoracic kyphosis, intervertebral disc wedging in the instrumented zone and strain's asymmetry in growth plates in the same zone. To evaluate the simulated per-operative positioning of the patient, a comparison between Cobb angle, thoracic and lumbar apical vertebral translation (AVT) and spine's height simulated and in radiographies of decubitus lateral positioning patient was done for 15 patients. The same study was repeated for the post-operative position.

Three different designs were modeled for 6 patients. For all designs a steel cable with a 50N initial tension was used with a 0.5 cm distance to the vertebras. Pre-instrumentation reduction was obtained by no applying external effort to the spine (design 1) or obtained by applying a 50N force laterally to the spine (design 2) or by applying a 150N force to the spine (design 3). Results of designs 1 and 2 and results of designs 1 and 3 were compared by a paired Student t-test. The same study design was used to evaluate impact of the variation of initial tension in the cable.

To study the influence of the pre-instrumentation reduction in relation to other surgery parameters, a mixed experimental plan $3^2 2^1$ was done for 6 patients. Independent parameters was pre-instrumentation reduction obtained by a 50N to 150N force applied to the spine, material of cable (steel, Nitinol, polyethylene) and 0.5 cm to 1 cm distance between cable and vertebras (just for one patient). Dependant parameters were the same as the sensibility study. Finally, to compare the influence of the most important parameters determined during previous studies, a last experimental plan 2^3 was done. Independent parameters were pre-instrumentation reduction obtained by a 50N to 150N force applied in the spine, material of cable (steel, polyethylene) and 50N to 150N initial tension in the cable. Dependant parameters were the same as previous experimental plans.

Maximal error in compression and lateral flexion test is 0.25 mm, in bending test 0.25 mm and 1.1° and in torsion test 0.3° compared with literature data. The sensibility study shows that only the annulus mechanical properties have a clinically and statically significantly influence on simulated correction. Mean error of the per-operative positioning of the patient in the model relative to radiographic measurements is 2.5° for Cobb angle, 2.3 mm for thoracic AVT, 1.4 mm for lumbar AVT and 3.6 mm for height. Mean error to the post-operative positioning of the patient in the model relative to radiographic measurements is 0.3° for Cobb angle, 0.05 mm for thoracic AVT, 0.05 mm for lumbar AVT and 0.05 mm for height.

Exploitation of the model demonstrates that pre-instrumentation reduction of the scoliotic deformation has a clinically and statistically significant influence on correction only in the frontal plane. This reduction could have clinically and statistically significant influence on the intervertebral discs wedging in the frontal plane and the strain's asymmetry correction in the growth plate. But the material type of cable has an even greater influence than the pre-instrumentation reduction. On the other hand, distance between cable and vertebras has a negligible influence on correction. Finally initial tension in the cable has significant influence on correction only for flexible cable.

In this project, pre-instrumentation reduction is evaluated like a surgery parameter to improve correction. This parameter was compared to other surgery parameters like material of cable, distance between cable and vertebras and initial tension in the cable. In addition, instrumentation's simulation considers patient's positioning and ensures measurement of the correction of strain's asymmetry in the growth plate. These elements are not taken in consideration by other FEM surgery simulations.

This project is a first study of the influence of different surgery parameters during an anterior instrumentation. FEM can be improved to consider implants design (staples, miro-staples...) or to add the growth to show the long term result of the surgery. Thanks to this improvement, implants design's influence on the correction in frontal and sagittal plane could be evaluated.

TABLE DES MATIÈRES

LISTE DES TABLEAUX

LISTE DES FIGURES

LISTE DES ANNEXES

INTRODUCTION

La scoliose est une déformation 3D du rachis, qui a une prévalence d'environ 2% de la population (Kane et Moe, 1970, Stirling et coll., 1996, Dickson et Weinstein, 1999, Rogala et coll., 1978, Morais et coll., 1985 et Montgomery et Willner, 1977). Lorsque la déformation est très faible, le patient est suivi afin de surveiller la possibilité de progression de la déformation. Lorsque la déformation est modérée et qu'il reste encore beaucoup de croissance, le port du corset est généralement recommandé. Enfin, lorsque la déformation est très importante, une chirurgie est recommandée. Les chirurgies classiquement utilisées sont des chirurgies invasives avec fusion du rachis par abord postérieur.

D'autres chirurgies, par abord antérieur sont également réalisées. Contrairement aux chirurgies par abord postérieur, qui sont réalisées sur un patient en décubitus ventral, les chirurgies par abord antérieur sont réalisées sur des patients en décubitus latéral. Ces chirurgies antérieures ont une faisabilité et une efficacité reconnues dans la correction de la déformation dans le plan frontal, mais l'efficacité n'est pas prouvée pour la correction dans les plans transverse et sagittal (Tis et coll., 2010).

En parallèle, des chirurgies minimalement invasives sont en cours de développement pour le traitement précoce des courbures scoliotiques modérées à risque de progression. Ces chirurgies sont également réalisées par abord antérieur, i.e. sur un patient en position décubitus latéral. Ces chirurgies reposent sur le principe de Hueter-Volkmann, qui stipule qu'une augmentation de pression dans les plaques de croissance diminue la croissance, tandis qu'une diminution de pression augmente la croissance. Ce principe correspond à la modulation de croissance. Les chirurgies minimalement invasives exploitent cette modulation de croissance localement sur les corps vertébraux afin de corriger la déformation en modifiant la croissance longitudinale des corps vertébraux. Ces

1

chirurgies ont l'avantage de pouvoir être réalisées par des techniques de thoracoscopie, ce qui permet de diminuer le temps d'opération, mais surtout les dommages sur les tissus et donc le temps de convalescence postopératoire (Akyuz et coll., 2006, Betz et coll., 2003, Betz et coll., 2005, Betz et coll., 2010, Braun et coll., 2005, Braun et coll., 2006, Braun et coll., 2006b, Braun et coll., 2006c, Hunt et coll., 2010, Newton et coll., 2005, Newton et coll., 2008, Newton et coll., 2008b, Schmid et coll., 2008, Shillington et coll., 2011, Stücker, 2009, Trobish et coll., 2011 et Wall et coll., 2005). Néanmoins, la faisabilité de ces chirurgies a été démontrée, mais son efficacité reste à confirmer (Stücker, 2009).

Le principe de réduction de la déformation pré-instrumentation consiste à diminuer la déformation avant même l'insertion des implants utilisés dans les différentes chirurgies. Ce principe a déjà été étudié pour les chirurgies par abord postérieur (Delorme et coll., 2000). Cette réduction pourrait aussi être un moyen d'améliorer la correction de la déformation dans les trois plans de l'espace lors de chirurgies par abord antérieur. L'objectif principal de ce projet est donc d'analyser biomécaniquement la contribution de la réduction pré-instrumentation lors de la mise en place d'instrumentations antérieures.

Ce mémoire comprend 5 chapitres. Dans le Chapitre 1, une revue des connaissances sur l'anatomie du rachis, la croissance du rachis, la scoliose et les modélisations géométriques et par éléments finis du rachis, est présentée. Dans le Chapitre 2, la rationnelle du projet et son cadre méthodologique sont décrits. La méthode utilisée lors de ce projet est par la suite expliquée en suivant les trois objectifs spécifiques du projet (Chapitre 3). Les résultats sont ensuite présentés sur l'évaluation du modèle et son exploitation au Chapitre 4. Une discussion des résultats suit au Chapitre 5. Enfin, la conclusion permet de revenir sur la validation ou non de l'hypothèse de recherche et de présenter des recommandations cliniques et de modélisation afin de poursuivre de ce projet (Chapitre 6).

Les annexes comprennent l'ensemble des diagrammes de Pareto et de la représentation des normalités par moitié de l'étude de sensibilité et des plans d'expériences réalisées dans cette étude.

2

CHAPITRE 1   REVUE DES CONNAISSANCES

Ce chapitre décrit dans une première partie (section 1.1), l'anatomie générale du rachis. Il explique ensuite les processus de croissance du rachis (section 1.2). La troisième partie (section 1.3) du chapitre fait un état de l'art des connaissances sur la scoliose. Enfin, la dernière partie (section 1.4) explicite la méthode par stéréoradiographie pour reconstruire en 3D la géométrie du rachis et celles permettant de réaliser des MÉF de la colonne vertébrale.

1.1 Anatomie générale du rachis

L'anatomie générale du rachis est décrite d'après Castaing et Burdin, 1996 et Tortora, 1981.

1.1.1 Les plans anatomiques

La description du corps humain se fait suivant trois plans (Figure 1-1) :

- Le plan frontal (aussi appelé plan coronal) : Il correspond à une coupe virtuelle avant / arrière du corps.

- Le plan sagittal : Il correspond à une coupe virtuelle droite / gauche du corps.

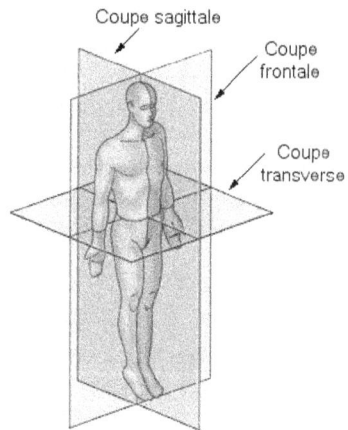

Figure 1-1: Représentation des plans anatomiques
Source : fr.wikipedia.org, domaine public, téléchargé le 18/08/11

- Le plan transverse : Il correspond à une coupe virtuelle haut / bas du corps.

3

1.1.2 Le rachis

Le rachis, plus communément appelé colonne vertébrale, est la structure osseuse du tronc. Constitué de l'empilement de vertèbres et de disques intervertébraux, il possède trois rôles :

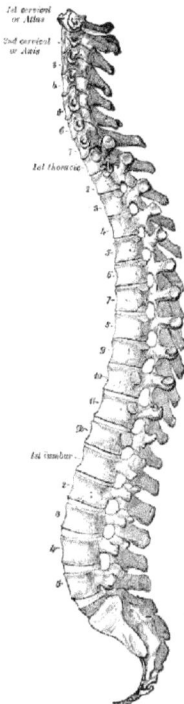

- Statique : le rachis permet de se tenir debout en position verticale.

- Dynamique : les vertèbres sont articulées entre elles. Cette mobilité est augmentée par les muscles fléchisseurs et extenseurs.

- Protecteur : le canal rachidien ou vertébral forme une coque protectrice de la moelle épinière.

Le rachis se compose de plusieurs segments : cervical (7 vertèbres), thoracique (12 vertèbres) et lombaire (5 vertèbres), le sacrum et le coccyx. Rectiligne dans le plan anatomique frontal, il présente des courbures physiologiques dans le plan sagittal : des lordoses cervicale ($\approx30°$) et lombaire ($\approx50°$), des cyphoses thoracique ($\approx40°$) et sacrale. On appelle cyphose toute courbure rachidienne dans le plan sagittal à convexité postérieure et lordose toute courbure rachidienne dans le plan sagittal à convexité antérieure. Ces incurvations augmentent la solidité, la résistance, la stabilité et l'élasticité de la colonne. Un rachis complet est représenté Figure 1-2.

Figure 1-2: Le rachis et ses segments

Source : Gray's anatomy 1918, domaine public

4

1.1.3 Les vertèbres

La vertèbre a une forme évolutive en fonction de sa position dans le rachis. Néanmoins, sa composition de base est la même (Figure 1-3).

La vertèbre se compose d'une partie antérieure pseudo-cylindrique appelée corps vertébral. La partie postérieure se compose de plusieurs apophyses :

- une apophyse épineuse, que l'on peut sentir en touchant le dos,
- des apophyses transverses, permettant la liaison avec les côtes dans la partie thoracique,
- des apophyses supérieures et inférieures, aussi appelées facettes articulaires, faisant partie de l'articulation entre vertèbres.

Les différentes composantes de la partie postérieure forment une cavité, appelée foramen vertébral, permettant la protection de la moelle épinière. Le corps vertébral assure la liaison mécanique et la transmission des efforts par l'intermédiaire du disque intervertébral.

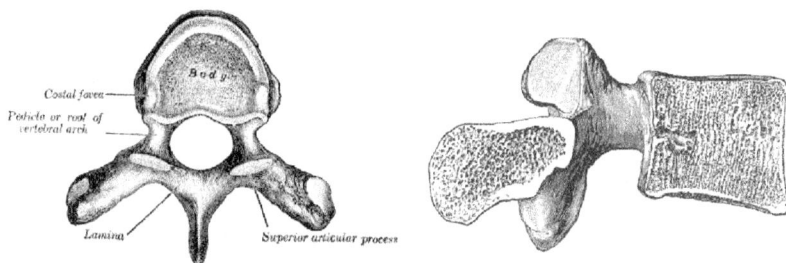

Figure 1-3: Vertèbre thoracique typique

Source : Grey's anatomy 1918, domaine public

1.1.4 Les disques intervertébraux

Le disque intervertébral est un fibro-cartilage composé de deux parties (Figure 1-4) :

- un noyau central ou nucléus pulponus gélatineux, composant très hydraté (88% d'eau) et incompressible en forme de sphère,
- une partie sphérique ou annulus fibrosus composé de lamelles de cartilages fibreux concentriques.

Le disque a un rôle d'amortisseur qui peut supporter les pressions importantes que reçoivent les vertèbres en transformant les efforts verticaux en effort radiaux et en les répartissant de façon homogène.

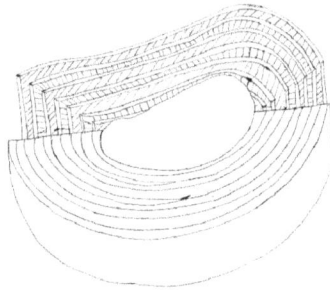

Figure 1-4 : Représentation du disque intervertébral
Source : Dessin personnel

1.1.5 Le système ligamentaire

L'ensemble est soutenu par un appareil ligamentaire vertébral qui assure la limitation des mouvements entre deux vertèbres et contribue à rigidifier la colonne vertébrale afin de mieux répartir les charges transmises. Quatre grands types de ligaments intervertébraux (Figure 1-5) existent :

- les ligaments communs antérieur et postérieur : ce sont de larges bandes fibreuses qui s'étendent sur la face antérieure et postérieure du corps vertébral tout le long de la colonne. Ces ligaments freinent l'extension pour l'antérieur et la flexion pour le postérieur du rachis, d'où le nom de ligaments freins.

- les ligaments jaunes : ils relient les lamelles de deux vertèbres successives. Ils ont un rôle protecteur du canal rachidien, qu'ils assurent par leur élasticité, épaisseur et résistance.

- les ligaments intertransversaires : ils relient les apophyses transverses et jouent un rôle de frein dans les mouvements d'inclinaison latérale et de rotation.

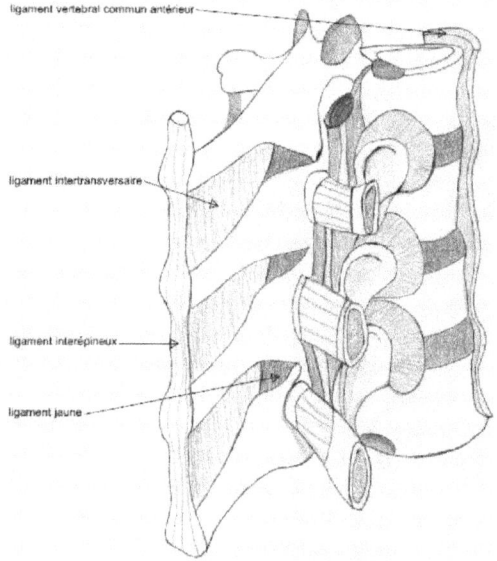

Figure 1-5: Système ligamentaire entourant le rachis

Source : Dessin personnel

- les ligaments inter-épineux : ce sont des cloisons latérales qui comblent l'intervalle séparant deux apophyses épineuses voisines et qui sont prolongés par le ligament sur-épineux. Ils sont très résistants mécaniquement et sont des freins puissants de la flexion. Ils contribuent efficacement à diminuer les pressions intra-discales dans la flexion et évitent l'écrasement des disques.

7

1.1.6 La cage thoracique

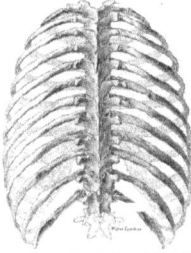

La cage thoracique est maintenue par le système ligamentaire. Elle est formée du sternum, de cartilages costaux et de côtes (Figure 1-6). Le sternum est un os plat et allongé centré sur la portion antérieure de la cage thoracique. Les côtes sont des os plats, allongés et à profil multi-courbés. Il y a douze paires de côtes situées sur le segment thoracique. Enfin, le cartilage costal relie l'extrémité antérieure des côtes au sternum.

Figure 1-6 : Représentation de la cage thoracique

Source : Grey's anatomy, libre de droits

1.2 La croissance du rachis

1.2.1 Processus de croissance

Le développement du rachis commence au 19ème jour de gestation avec l'apparition de somites. Au bout du 40ème jour, le fœtus a de 42 à 44 paires de somites. Au centre de ces somites, se forment de petites cavités, nommés moycèlem. Lors de la cinquième semaine, les somites se divisent en deux zones plus denses : la zone craniale et la zone caudale. La zone caudale va proliférer pour s'accrocher à la zone craniale du somite inférieur. Ceci va engendrer un corps vertébral pré cartilagineux, de formation inter-segmentaire. Les cellules inférieures de la zone caudale vont se différenciées pour former l'ébauche du disque intervertébral. À la fin du deuxième mois, le corps vertébral régresse, sauf au niveau des disques intervertébraux pour former le nucléus pulponus. Les corps vertébraux s'étendent alors aux cellules sclérotomicales

Figure 1-7 : Développement embryonnaire d'une vertèbre au bout de 2 mois de gestation

Source : Dessin personnel

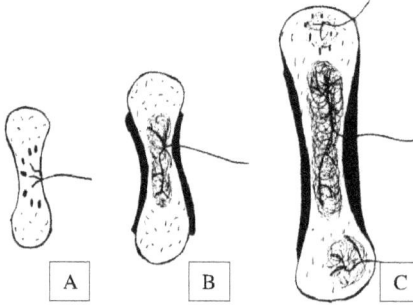

autour du tube neural, ce qui forme le processus costal et les autres parties des vertèbres (Figure 1-7). Ensuite, commence l'ossification des vertèbres. Cette ossification est de type endochondrale, i.e. qu'elle se fait à partir d'un tissu conjonctif, qui devient du cartilage, pour enfin devenir de l'os primaire. Ce type d'ossification est illustré sur la Figure 1-8. Au troisième mois, il y a apparition des premiers centres primitifs aux niveaux des corps vertébraux cartilagineux, dans la région dorsale. Au cours du quatrième ou du cinquième mois, les points d'ossification des arcs vertébraux se forment. L'ossification de la colonne vertébrale se termine après la naissance.

Figure 1-8 : Ossification de type endochondrale

A.Tissu conjonctif ; B. Apparition de cartilage ;

C. Apparition de l'os primaire

Source : Dessin personnel

À la naissance, les vertèbres ont deux plaques de croissance situées entre le disque intervertébral et le tissu osseux. Ces plaques sont des cartilages interstitiels entre deux centres d'ossification. Elles permettent la croissance en longueur des os. Les plaques de croissance se composent de cellules souches, des chondrocytes, de fibres de collagène et de matrice extracellulaire. Ces plaques se divisent en trois zones (Figure 1-9).

9

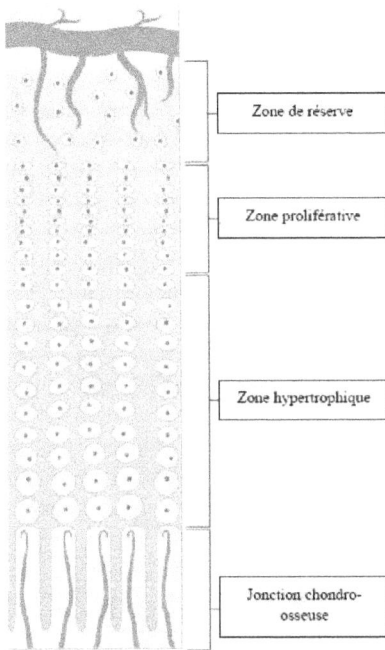

Figure 1-9 : Représentation d'une plaque de croissance

Source : Dessin personnel

- La zone de réserve touche l'épiphyse. Dans cette zone, les chondrocytes ont une disposition aléatoire, une taille variable et une forme sphérique ; les fibres de collagène n'ont pas d'orientation particulière. La zone de réserve a un rôle de support mécanique, ce qui se caractérise par un taux de matrice cellulaire élevé (Fujii et coll., 2000).

- La zone proliférative se situe entre la zone de réserve et la zone hypertrophique. Dans cette zone, les chondrocytes sont disposés en colonne. Ils ont une taille uniforme et une forme ovoïdale. Les fibres de collagènes sont orientées dans l'axe de la croissance, ce qui permet une bonne résistance en tension et une déformation à la rupture (Fujii et coll., 2000). La zone proliférative permet l'augmentation du nombre de chondrocytes.

- La zone hypertrophique se situe entre la zone proliférative et la jonction chondro-osseuse. Dans cette zone, les chondrocytes sont disposés en colonne. Leur taille augmente et ils ont une forme ovoïdale. La production de matrice extracellulaire est trois fois plus grande que dans la zone proliférative et diminue en épaisseur. Les fibres de collagène subissent également une diminution d'épaisseur. Le rôle de cette zone est d'augmenter jusqu'à vingt fois le volume des chondrocytes.

10

- La jonction chondro-osseuse se situe à proximité de la métaphyse, touchant la zone hypertrophique. Cette jonction permet la cristallisation de la matière pour qu'elle devienne des cellules osseuses. Dans cette zone, il y a également vascularisation des os par le développement de sites de passage aux capillaires sanguins suite à la mort par apoptose des chondrocytes.

En complément des plaques de croissance, une vertèbre a des centres primaires d'ossification. Ceux-ci apparaissent trois mois après la fécondation (Rabineau et coll., 2003). Ils se situent au niveau du corps vertébral et des arcs neuraux. Ils se concentrent au niveau des cartilages neurocentraux situés de part et d'autre des pédicules, dans la partie antérieure de la vertèbre ou en postérieur près de l'épiphyse transverse (Figure 1-10). Le cartilage postérieur se ferme au bout d'un an, tandis que les canaux antérieurs se ferment entre 11 et 16ans (Yamazaki et coll., 1998 et Rajwani et coll., 2002). Des centres secondaires d'ossification apparaissent juste après la naissance sur les vertèbres (Rabineau et coll., 2003). Ils se situent aux extrémités des apophyses de l'arc postérieur (Figure 1-11).

Figure 1-11 : Centres primaires d'ossification

Source : Dessin personnel

Figure 1-10 : Centres secondaires d'ossification

Source : Dessin personnel

La partie antérieure d'une vertèbre croît en largeur par apposition périostique ou par expansion diamétrale des plaques cartilagineuses. Les cartilages neurocentraux antérieurs peuvent éventuellement participer à cette croissance. L'apposition périostique correspond à l'élargissement de l'enveloppe du corps vertébral au niveau du périchondre entourant le

11

corps vertébral. L'expansion diamétrale des plaques cartilagineuses, quant à elle, consiste à l'accroissement du cartilage à la périphérie avec une augmentation du nombre de cellules. La partie antérieure d'une vertèbre croit en hauteur par la présence des deux plaques de croissance. La contribution à la croissance de ces deux plaques est quasiment identique. La croissance en hauteur des vertèbres est plus importante dans la partie lombaire du rachis (Dimeglio et Bonnel, 1990).

La croissance longitudinale des parties postérieures d'une vertèbre est contrôlée par les trois cartilages neurocentraux. La croissance se termine avec la fermeture de ces centres neurocentraux (Weinstein, 1994). La croissance en hauteur des parties postérieures d'une vertèbre se fait également par apposition périostique ou par expansion des tissus cartilagineux internes.

La croissance du sacrum et du coccyx se termine seulement à l'âge adulte par la fermeture des points d'ossification qui intervient entre 17 et 25 ans (Rabineau et coll., 2003).

Le disque intervertébral a une plaque de croissance dans la zone transitionnelle entre l'annulus fibrosus et le nucléus pulponus (Taylor et coll., 1981). La croissance en largeur du nucléus se fait par la transformation de la chorde constituant le nucléus en fibrocartilage. Cette accroissement est donc réalisé au dépend de l'annulus. L'annulus, quant à lui, croit en largeur par addition de nouvelles lamelles à sa périphérie. La croissance des disques intervertébraux en hauteur au niveau thoracique est de 0,2 à 0,6 mm/an, tandis qu'elle est de 0,3 à 0,8 mm/an au niveau lombaire (Dimeglio et Bonnel, 1990).

En ce qui concerne les courbures naturelles dans le plan sagittal, à la naissance, une seule courbure thoracique existe. La lordose cervicale se développe avec la levée de la tête de l'enfant, i.e. vers 2 ou 3 mois, tandis que la courbure lombaire se développe au cours du passage de la stature quadrupède à la stature bipède.

1.2.2 La modulation de croissance

La modulation de croissance est le fait de modifier la croissance par des stimuli mécaniques. Elle repose sur la loi de Hueter-Volkmann, qui dit que :

- une augmentation du chargement sur la plaque de croissance engendre une réduction de croissance,

- une diminution du chargement sur la plaque de croissance engendre une diminution de la croissance.

L'effet de cette loi a été observé expérimentalement par des études in-vivo et des études in-vitro.

Les études in-vitro consistent à observer l'effet de la compression de plaques de croissance sur les tissus et les cellules. Ces études sont réalisées sur des tibias d'animaux cadavériques, comme les rats ou les lapins. Les effets observés concernent, en général, l'expression des mRNA relatifs à la matrice extracellulaire, i.e. du collagène

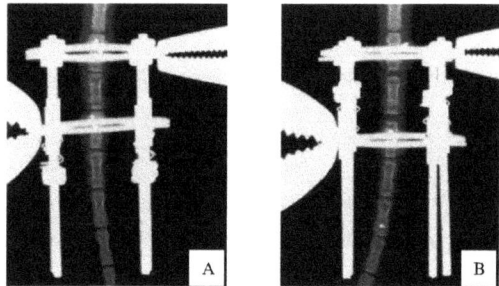

Figure 1-12 : Dispositifs permettant d'exercer A) une compression et B) une tension sur la queue de rat

adapté de Stokes et coll., 2002

de type II et X, ou la boucle de retour de PTH-PTHrP (Villemure et coll., 2005).

Les études in-vivo sont réalisées par l'insertion de dispositifs sur des queux d'animaux, en général, de rats. Un exemple de dispositif est donné en Figure 1-12. Ces études permettent d'observer l'impact de différents paramètres sur la croissance des vertèbres subissant le chargement et des vertèbres à proximité. À la fin de l'étude in-vivo,

13

des observations histologiques de vertèbres permettent de déterminer l'impact des chargements sur les chondrocytes dans les plaques de croissance.

Le Tableau 1.1 présente différentes études in-vivo réalisées ces quinze dernières années.

Tableau 1.1: Étude in-vivo de la modulation de croissance sur des animaux

Auteur et année	Type d'études	Panel	Observation	Résultats et conclusion
Stokes, 1996	Étude de l'effet de la compression et de la tension appliquées sur des rachis de rats	28 rats divisés en trois groupes : -Compression -Tension -Contrôle	Croissance sur radiographies	-Croissance plus importantes pour les vertèbres en tension (113% de croissance par rapport aux contrôles)
Mente et coll., 1997	Étude de l'effet d'une contrainte asymétrique sur une vertèbre et de l'angulation de 30° du disque intervertébral	10 rats, sans contrôle	Croissance sur radiographies	-Au bout de 6 semaines, les vertèbres sous chargement deviennent cunéiformisées
Mente et coll., 1999	Étude de la persistance de l'effet d'un chargement asymétrique sur les vertèbres et de la possibilité d'inverser cet effet par un chargement opposé	24 rats, divisés en deux groupes : après l'application d'un chargement asymétrique, -plus aucun chargement n'est appliqué -un chargement asymétrique contraire est appliqué	Croissance sur radiographies et fluorochrome	-Possibilité de corriger une déformation due à un chargement asymétrique des vertèbres par un chargement opposé (passage d'un angle de cunéiformisation de 10,7 +/- 4,4° à un angle de 0,1 +/- 1,4°) -L'effet du chargement asymétrique stoppe peu après l'arrêt de l'application du chargement (l'angle de cunéiformisation reste à 7,3 +/- 3,9°)
Stokes et coll., 1998	Étude de l'effet de la compression et de la tension du rachis sur la croissance des disques intervertébraux	36 rats, divisés en trois groupes : -13 en compression -15 en tension -18 contrôles	Croissance des disques sur radiographies	-Diminution de la taille des disques sous compression -Augmentation de la taille des disques en tension

14

Auteur et année	Type d'études	Panel	Observation	Résultats et conclusion
Stokes et coll., 2002	Étude de l'effet de la compression et de la tension sur les chondrocytes de la plaque de croissance	18 rats, divisés en trois groupes : -6 en compression -6 en tension -6 contrôles	Croissance sur radiographies Coupes histologiques permettant d'analyser : -la taille de la zone hypertrophique -la taille moyenne des chondrocytes dans cette zone -la quantité d'augmentation cellulaire des chondrocytes dans la direction de la croissance	-Croissance réduite pour les vertèbres en compression à 52% en corrélation avec la diminution significative de la taille de la zone hypertrophique, de la taille moyenne des chondrocytes et de la quantité cellulaire des chondrocytes dans la direction de la croissance -Augmentation de la croissance des vertèbres en tension, mais pas de résultats significatifs par rapport aux autres paramètres
Stokes et coll., 2005	Étude de l'effet de la compression du rachis en continu par rapport à un chargement diurnal ou nocturne	20 rats, divisés en quatre groupes : -5 chargements continus (24h/24) -5 chargements diurnaux -5 chargements nocturnes -5 contrôles	Croissance sur radiographies Coupes histologiques permettant d'analyser : -la taille des chondrocytes dans la zone hypertrophique -le nombre de chondrocytes dans la zone proliférative	-Réduction de la croissance pour les 3 types de chargements par rapport aux contrôles -Réduction significative par rapport aux contrôles de la taille des chondrocytes dans la zone hypertrophique et du nombre de cellules dans la zone proliférative pour les vertèbres en chargement continue -Pas de résultats significatifs pour les deux chargements non-continus
Stokes et coll., 2006	Étude de la relation entre la croissance et la contrainte appliquée à des rachis et tibias non humain	41 rats (2 âges) 39 lapins (2 âges) 18 veaux	Croissance sur radiographies	-Confirmation de la loi de Huetter-Volkman -Obtention d'une relation linéaire entre la croissance modulée et les contraintes
Stokes, 2008	Étude de la relation entre la diminution ou l'augmentation de croissance et l'impact sur les chondrocytes des plaques de croissance	Rats, lapins et veaux	Coupes histologiques permettant d'observer : -le nombre de chondrocytes dans la zone proliférative -le taux de prolifération des chondrocytes dans la zone proliférative -l'augmentation de volume des chondrocytes dans la zone hypertrophique	-Une correspondance existe entre la réduction de la croissance par une compression ou l'augmentation de la croissance par une tension et le nombre de chondrocytes prolifératifs par unité de taille de la plaque de croissance ainsi que la taille finale maximum des chondrocytes dans la zone hypertrophique

Ces études ont permis de démontrer la loi de Hueter-Volkmann et de déterminer un lien entre le comportement des chondrocytes et la croissance lors d'application de stimuli mécanique. Ainsi, l'augmentation des contraintes est traduit par une diminution du nombre de chondrocytes dans la zone proliférative et une diminution de la taille des chondrocytes dans la zone hypertrophique. Ceci engendre une diminution de la croissance. À l'opposé, une diminution des contraintes est traduite par une augmentation du nombre de chondrocytes dans la zone proliférative et une augmentation de la taille des chondrocytes dans la zone hypertrophique. Ceci engendre une augmentation de la croissance (Stokes, 2008). Toutes les protéines responsables de ce phénomène ne sont pas encore connues.

1.2.3 Le remodelage osseux

Il existe deux types de remodelage osseux :

- le remodelage interne, qui consiste en la variation des propriétés mécaniques intrinsèques des tissus osseux,

- le remodelage externe, qui consiste en la variation de la géométrie de l'os, i.e. en l'augmentation ou la diminution du volume de l'os suivant la contrainte mécanique.

Le remodelage osseux repose sur la loi de Wolf, qui dit que les trajectoires trabéculaires sont optimisées. Un remodelage osseux se déroule de la manière suivante.

Initiation 1 : Cette phase consiste en la

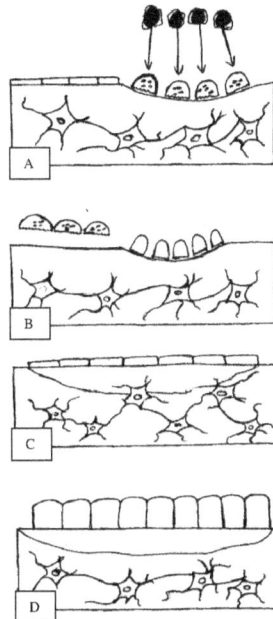

Figure 1-13 : Le remodelage osseux

**A. Initiation ; B. Résorption ;
C. Réversion ; D. Synthèse**

Source : Dessin personnel

16

mécanotransduction du signal dans les ostéocytes aux ostéoblastes. Ceux-ci secrètent des métaloprotéinases qui « décapent » l'os (Figure 1-13A).

Résorption 2 : Cette phase correspond à la migration de monocytes de la moelle, qui se différencient en ostéoclastes. L'os minéralisés est détruit localement. La résorption libère des ostéocytes et des facteurs de croissance séquestrés dans la matrice (Figure 1-13B).

Réversion 3 : Durant cette phase, les cellules ostéoprogénitrices, dont les ostéocytes libérés, se différencient en ostéoblastes, bloquant les ostéoclastes (Figure 1-13C).

Synthèse 4 et 5 : Durant cette phase, les ostéocytes synthétisent autour d'eux une matrice de collagène de type 1, qui se minéralise en os. Les ostéoblastes séquestrés dans leur matrice osseuse se transforment en ostéocytes quiescents (Figure 1-13D).

1.3 La scoliose

1.3.1 Description de la pathologie

La scoliose est une déformation 3D de la colonne vertébrale. Elle a une prévalence d'environ 2% de la population (Kane et Moe, 1970, Stirling et coll., 1996, Dickson et Weinstein, 1999, Rogala et coll., 1978, Morais et coll., 1985, Montgomery et Willner, 1977). Afin de caractériser cette déformation, plusieurs paramètres cliniques ont été développés et sont actuellement utilisés en clinique. Parmi ceux-ci, il existe, (Duke et coll., 2005) :

- l'angle de Cobb, qui est la mesure de la différence de mesure entre l'inclinaison du plateau supérieur de la première vertèbre de l'intervalle de mesure et l'inclinaison du plateau inférieur de la dernière vertèbre de l'intervalle dans le plan frontal ou sagittal (Cobb, 1960),

- la décompensation, qui est la distance horizontale entre T1 et L5 projetée dans le plan antéro-postérieur, positif vers la gauche et négatif vers la droite,

- la balance, qui est la distance horizontale entre T1 et L5 projetée dans le plan sagittal, positif en antérieur et négatif en postérieur,

- la lordose lombaire, qui est la différence de mesure entre l'inclinaison du plateau supérieure de L1 et l'inclinaison du plateau inférieur de L5 dans le plan sagittal,

- la cyphose thoracique, qui est la différence de mesure entre l'inclinaison du plateau supérieure de T1 et l'inclinaison du plateau inférieur de T12 dans le plan sagittal,

- la translation apicale vertébrale (TVA), qui est la distance horizontale de la vertèbre la plus déviée projetée dans le plan antéro-postérieur relativement à la ligne reliant T1 à L5,

- la rotation axiale vertébrale apicale (RVA), qui mesure la rotation de la vertèbre la plus déviée dans le plan transverse.

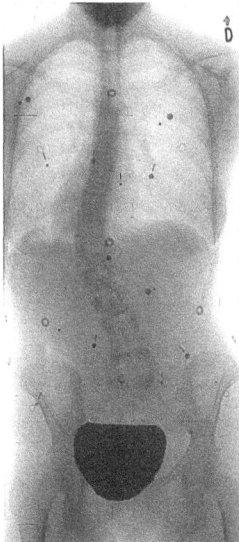

Figure 1-14 : Exemple de patient scoliotique

La Figure 1-14 présente un exemple de radiographie de la colonne vertébrale chez un patient atteint d'une scoliose, avec un angle de Cobb de la courbure principale de 20°.

La scoliose est classifiée suivant l'âge auquel la déformation du rachis apparait. Ainsi, une scoliose est dite infantile, si la déformation apparait avant 3 ans, juvénile entre 3 et 9 ans, adolescente entre 10 et 18 ans et adulte après 18 ans.

Afin de tenir compte d'autres paramètres, comme la réductibilité de la colonne, des classifications ont été développées. Une classification couramment utilisée en clinique est la classification de Lenke (Lenke et coll., 2001). Cette classification repose sur trois paramètres : le type de courbes (6 types), le modificateur du rachis lombaire (3 modificateurs) et le profil thoracique sagittal (3 profils). Les

18

Tableaux 1.2, 1.3 et 1.4 explicitent ces paramètres. Par exemple, le patient de la Figure 1-14 est, d'après la classification de Lenke, une scoliose de type 5CN.

Tableau 1.2: Type de courbure suivant la classification de Lenke

Type	Thoracique proximal	Thoracique principal	Thoraco-lombaire/lombaire	Type de courbure
1	Non-structural	Structural (Majeure)	Non-structural	Thoracique principale
2	Structural	Structural (Majeure)	Non-structural	Double Thoracique
3	Non-structural	Structural (Majeure)	Structural	Double majeure
4	Structural	Structural (Majeure)	Structural	Triple majeure
5	Non-structural	Non-structural	Structural (Majeure)	Thoracolombaire/lombaire
6	Non-structural	Structural	Structural (Majeure)	Thoracolombaire/lombaire – thoracique principale

Tableau 1.3: Profil sagittal suivant la classification de Lenke

Profil sagittal	
- (hypo)	< 10°
N (normal)	10°-40°
+ (hyper)	> 40°

Tableau 1.4: Modificateur du rachis lombaire suivant la classification de Lenke
LVSC : ligne verticale sacré centré

Modificateur du rachis lombaire	LVSC par rapport au rachis lombaire	
A	Entre les pédicules	
B	Touche le corps apical	
C	Totalement médian	

19

1.3.2 Étiologie de la scoliose

La scoliose est une pathologie idiopathique, i.e. qu'elle a plusieurs origines non déterminées (Lowe et coll., 2000). Différentes théories quant à l'origine de la scoliose existent.

D'après certaines études, l'origine de la scoliose pourrait être génétique. Le lien entre la scoliose et la génétique a été étudié sur des familles ayant un ou plusieurs cas de scoliose (Ward et coll., 2010). Les gènes responsables pourraient être le chromosome 17 (Clough et coll., 2010), les chromosomes 1 ; 6 ; 7 ; 8 ; 12 ; 14 (Raggio et coll., 2009) ou le chromosome 18 (Gurnett et coll., 2009).

La scoliose pourrait également être due à la déficience de la mélatonine. Ceci a été démontré par l'ablation chirurgicale de la glande pinéale (responsable de la secrétion de la mélatonine) chez le poulet. Cette ablation a engendré une déformation du rachis du poulet (Machida et coll., 1993, Machida et coll., 1995, Machida et coll., 1996, Thilliard, 1968 et Fagan et coll., 2009). Le même genre d'études sur les rats a démontré qu'un taux dégénéré de mélatonine créé une scoliose. À noter cependant qu'il semblerait que la position bipédale augmente la progression de la scoliose (Dubousset et Machida, 2001). Des études biochimiques ont pour objectifs de déterminer le récepteur de la mélatonine en cause dans l'apparition d'une scoliose par comparaison des dégénérescences de ces récepteurs chez les patients scoliotiques par rapport aux patients sains. Aucun récepteur n'a pu être mis en cause de façon certaine pour le moment (Qiu et coll., 2006 et Shyy et coll., 2010). Néanmoins, un test sanguin s'appuyant sur ces études est en cours d'évaluation au Canada, afin de déterminer chez un patient scoliotique les risques de progression de la pathologie (Letellier et coll., 2007).

La prévalence de la scoliose étant plus élevée chez des patients atteints de troubles neuromusculaires, un lien pourrait exister entre ces troubles et le développement de la scoliose. Chez 14 patients atteints de scoliose, l'inhibition cortico-cortical, qui peut engendrer une posture anormale, est normale du côté convexe de la courbure, alors qu'elle

20

est réduite du côté concave. Cette asymétrie pourrait être une cause de la déformation scoliotique et être utilisée en clinique pour traiter la scoliose (Doménech et coll., 2010).

Certaines théories reposent sur le fait que des contraintes internes sur le rachis engendreraient une déformation scoliotique. D'après Porter, 2000, la scoliose proviendraient de la cunéiformisation des vertèbres. La diminution de la croissance du canal spinal impliquerait l'attachement des parties postérieures. Les parties postérieures continuant à croître, une lordose apparaitrait, ce qui engendrerait une rotation dans le plan transverse des vertèbres et donc une déformation 3D du rachis. D'après Stokes et coll., 2006, la scoliose serait due à l'apparition d'un « cercle vicieux » dû à une distribution de contraintes asymétriques dans les vertèbres. Une fois que la scoliose est apparue, la progression est alors autoentretenue. Cette théorie repose sur la modulation de croissance. Une distribution de contraintes asymétriques dans les vertèbres se traduit par une distribution de contraintes asymétriques dans les plaques de croissance, ce qui engendre, d'après le principe de Hueter-Volkmann, une croissance asymétrique des vertèbres. De cette croissance asymétrique découle la cunéiformisation des vertèbres et des disques et donc la déformation de la colonne. La scoliose serait donc un « cercle vicieux », car plus la déformation de la colonne est grande, plus la colonne continue à se déformer. Ce phénomène pourrait apparaitre après une déficience du contrôle neuromusculaire (Stokes, 2008) ou être dû à une déficience des plaques de croissances des vertèbres (Zhu et coll., 2006 et Day et coll., 2008).

Enfin, certaines théories mettent en cause les muscles entourant le rachis. Effectivement, les quadriceps des patients scoliotiques démontrent une faiblesse (Swallow et coll., 2009) et l'efficacité musculaire est diminuée lors de la marche chez les patients scoliotiques (Mahaudens et coll., 2009). En outre, d'après une étude sur des lapins, il y aurait des changements morphométriques des muscles paraspinaux du côté convexe de la courbure scoliotique (Werneck et coll., 2008). Néanmoins, certaines controverses existent sur cette théorie, ces différences musculaires pouvant provenir des forces déformantes présentes lors de la déformation du rachis plutôt qu'en être la cause.

21

1.3.3 Les traitements de la scoliose

Lorsque la déformation est faible, i.e. que l'angle de Cobb de la courbure principale est inférieur à 25°, la progression de la déformation est observée par un suivi radiologique. Lorsque la courbure est plus importante, i.e. que l'angle de Cobb est compris entre 25° et 45°, le port d'un corset est préconisé. Enfin, si la déformation est importante, i.e. que l'angle de Cobb est supérieur à 45°, le traitement préconisé est une correction chirurgicale de la déformation du rachis.

Le traitement orthopédique par corset permet de ralentir ou de stopper la progression de la scoliose. Le type de corset va dépendre du type de scoliose, de l'âge et des habitudes du patient. Les avantages du corset sont de ne pas demander une opération longue et dangereuse et de ne pas stopper la croissance du patient. Cependant, le corset a des actions limitées dans la correction de la scoliose. Il n'a qu'un rôle de stabilisateur. Les actions exercées par le corset sur le tronc sont (Périé et coll., 2004, Clin et coll., 2006 et Périé et coll., 2002) :

- une traction sur les deux extrémités de la courbure et
- une flexion trois points dans le plan de la courbure : un point d'action sur l'apex et deux autres aux extrémités de la courbure.

Actuellement, la chirurgie standard du rachis scoliotique consiste en une instrumentation par abord postérieur ou antérieure avec fusion vertébrale. Les objectifs de ces chirurgies sont de restaurer l'équilibre de la colonne vertébrale, de réaligner les vertèbres le plus près possible des valeurs dites « normales » et de préserver le plus possible la mobilité en atteignant un alignement optimal de la région instrumentée du rachis tout en estimant correctement la capacité des régions non instrumentées à compenser la perte de flexibilité (Asher, 2003). Les différentes étapes de la chirurgie sont le positionnement du patient, l'insertion des implants vertébraux, qui sont des vis ou des crochets, l'insertion

22

d'une tige, la réalisation de manœuvres correctives, l'insertion de la seconde tige, la réalisation d'autres manœuvres correctives si nécessaire, puis la fusion vertébrale par greffe osseuse et l'installation de dispositifs de traction transversale. Les manœuvres correctives peuvent être : la rotation de la première tige, ce qui permet de ramener la déformation du plan frontal vers le plan sagittal, la compression ou la distraction de la tige, ce qui permet d'ajouter localement des forces de compression ou de distraction sur la vertèbre, et la dérotation vertébrale directe, qui a pour but d'effectuer une rotation d'une vertèbre spécifique dans le plan transverse pour la réaligner avec les autres vertèbres dites neutres.

Dans le cas de fortes courbures ou de rachis dits non-flexibles, une approche antérieure peut-être réalisée avant l'approche postérieure, afin de réaliser une discoïdectomie (ablation du disque intervertébral). Cette approche antérieure est réalisée par un positionnement peropératoire en décubitus latéral, i.e. que le patient est couché sur le côté, et peut être effectuée par une thoracotomie ou assistée par thoracoscopie. Il est également possible de réaliser le même type de chirurgie que décrit précédemment, par une approche entièrement antérieure dans des cas très particuliers et en insérant une seule ou deux tiges (Tis et coll., 2010). Dans ce cas, le positionnement peropératoire du patient est en décubitus latéral. D'après une étude clinique sur 6 patients, il est constaté que le positionnement en décubitus latéral permet de réduire la déformation avant même que le patient soit instrumenté (Lalonde et coll., 2010).

De nouveaux types de chirurgie sont en cours de développement. Ces chirurgies minimalement invasives permettraient de traiter la scoliose par la réalisation de thoracoscopie lorsque la déformation est encore faible, i.e. entre 20° et 35° d'angle de Cobb de la courbure principale, et avant que la croissance ne soit totalement terminée, i.e. avant 13 ans pour les filles et avant 15 ans pour les garçons (Trobish et coll., 2011). Ces traitements, sans fusion de la colonne, reposent sur le principe de Hueter-Volkmann. L'objectif de ces traitements est d'inverser le « cercle vicieux » précédemment décrit, par l'application d'une contrainte du côté convexe de la colonne. Ces chirurgies sont faites par approche antérieure, i.e. que le positionnement peropératoire du patient est en décubitus latéral.

Plusieurs dispositifs ont été développés comme des agrafes en alliage à mémoire de forme, des agrafes vissées, des micro-agrafes, et des ancres et attaches flexibles ou rigides. La faisabilité et l'efficacité de ces dispositifs ont été testées sur l'homme pour les agrafes ou sur des modèles animal pour les autres, comme des rats, des porcs ou des chèvres. Lors de ces études, des humains ou des animaux ont été instrumentés avec ces dispositifs afin de créer ou de corriger une scoliose. Au cours de chaque étude, la déformation du rachis est observée par des radiographies ou des CT-Scan à différents moments de l'étude. Le Tableau 1.5 présente ces différentes études.

Tableau 1.5: Études de faisabilité et d'efficacité d'implants sans fusion

Techniques	Auteurs	Modèle d'études	Création/ Traitement	Panel	Résultats
Agrafes	Betz et coll., 2003	Humain	Traitement	21 (27 courbes) 10 avec un suivi de plus d'un an et un angle de Cobb supérieur à 50°	60% des courbes sont restées stables ou se sont améliorées, 40% ont progressées et 10% ont dues subir une fusion
	Braun et coll., 2004	Chèvre	Traitement	27 en 4 groupes : I.agrafes antérieures thoraciques en enlevant la tige ayant permis la création de la scoliose II.sans agrafes, en enlevant la tige III.agrafes en laissant la tige IV.sans agrafes en laissant la tige	I. Correction de 57° à 43° II. Correction de 67° à 60° III. Correction de 65° à 63° IV. Progression de 55° à 67°

Techniques	Auteurs	Modèle d'études	Création/ Traitement	Panel	Résultats
Agrafes	Betz et coll., 2005	Humain	Traitement	39 (52 courbes)	Stabilité de 87% (défini comme une progression inférieure à 10°) pour les patients de moins de 8 ans et ayant un angle de Cobb inférieur à 50° Stabilité de 100% pour les angles inférieurs à 30° 1 complication majeure, 1 mineure, 2 fusions
	Braun et coll., 2005	Chèvre	Traitement	16 8 contrôles 8 instrumentées	Progression dans le plan coronal de 77,3° à 94,3° en moyenne
	Braun et coll., 2006	Chèvre	Traitement	14 6 contrôles 8 instrumentées	Correction de -6,9° pour les instrumentées et de -1,4° pour les contrôles Correction de la cunéiformisation du segment rachidien apical de -2,2° pour les instrumentées et de +3,5° pour les contrôles
	Braun et coll., 2006b	Chèvre	Traitement	14 6 contrôles 8 instrumentées	Correction de -13,4° pour les instrumentées et de -7,2° pour les contrôles Correction de la cunéiformisation du segment rachidien apical de -2,2° pour les instrumentées et de +3,5° pour les contrôles
	Stücker, 2009	Humain	Traitement	6 patients ayant un suivi d'au moins 2 ans	4 patients ont progressés (angle de Cobb supérieur à 35° au moment de la chirurgie) 2 patients sont restés stables (angle de Cobb inférieur à 35° au moment de la chirurgie)

Techniques	Auteurs	Modèle d'études	Création/ Traitement	Panel	Résultats
Agrafes	Betz et coll., 2010	Humain	Traitement	28 patients suivis pendant au moins 2 ans	Succès = progression inférieure à 10° ou diminution de la courbe Courbes thoraciques : -succès à 77,7% pour les courbes inférieures à 35° lors de la chirurgie -succès à 85,7% pour les courbes inférieures à 20° lors de la chirurgie -succès à 71,4% pour les courbes flexibles supérieures à 50° Courbes lombaires : -succès 86,7%
	Hunt et coll., 2010	Chèvre	Traitement	6	Étude de la dégénérescence du disque
Agrafes vissées	Wall et coll., 2005	Porc	Création	7 porcs au départ 5 sont allés au bout de l'expérimentation	Progression dans le plan frontal d'une courbure de 0,8° à 22,4° en moyenne
Micro-agrafes	Schmid et coll., 2008	Rat	Création	21 11 instrumentés sur 4 vertèbres 5 opérés sans instrumentation (shams) 5 contrôles	Création d'un angle de Cobb de 10° à 30° sur les instrumentés Pas de changements significatifs pour les autres groupes.
	Driscoll et coll., 2011	Porc	Création	9 4 instrumentés 3 opérés sans instrumentation (shams) 2 contrôles	Pas de déformation observée pour les contrôles et les shams Apparation d'un angle de 6,5° +/- 3,5° dans le plan coronal Pas de changement de courbure dans le plan sagittal Apparition de cunéiformisation de 4,1° +/- 3,6° dans le plan coronal
Ancres et attaches flexibles	Braun et coll., 2005	Chèvre	Traitement	16 8 contrôles 8 instrumentées	Progression dans le plan coronal de 73,4° à 69,9° en moyenne

Techniques	Auteurs	Modèle d'études	Création/ Traitement	Panel	Résultats
Ancres et attaches flexibles	Braun et coll., 2006c	Chèvre	Traitement	24 8 contrôles 8 instrumentées par ancres/attaches 8 instrumentées par agrafes	Comparaison : meilleure correction des ancres/attaches, mais correction uniquement dans le plan coronal
	Hunt et coll., 2010	Chèvre	Traitement	6	Étude de la dégénération du disque
Ancres et attaches	Newton et coll., 2005	Veau	Création	33 veaux instrumentés de T6 à T9 : 11 avec une vis et tige par niveau 11 avec deux vis et tiges par niveau 11 avec juste une vis par niveau (contrôles)	Création de déformations dans le plan coronal de : 0° à 31° pour les vis simples 23° à 57° pour les vis doublées Pas de création de déformations pour les contrôles
	Newton et coll., 2008	Porc	Création	12 6 sacrifiés après 6 mois 6 sacrifiés après 12 mois	Création d'une déformation de 14° +/- 4° au bout de 6 mois et de 30° +/- 13° au bout de 12 mois dans le plan coronal Apparition de cunéiformisation dans le plan sagittal
	Newton et coll., 2008b	Veau	Création	17 instrumentés avec 2 vis par vertèbres et 2 attaches 19 instrumentés par uniquement une vis par vertèbre (contrôle)	Création d'une déformation de 37,6° +/- 10,6° dans le plan coronal et 18° +/- 9,9° dans le plan sagittal au bout de 6 mois pour le groupe instrumenté

En plus du suivi 2D ou 3D de la déformation du rachis, d'autres analyses ont été menées afin d'observer d'autres impacts des implants sur le rachis. Ces analyses peuvent être des coupes histologiques de vertèbres ou d'unités fonctionnelles instrumentées ou non instrumentées, afin de déterminer la cunéiformisation des vertèbres et des disques intervertébraux, de caractériser l'ostéointégration des dispositifs dans les vertèbres ou de

27

déterminer la santé des disques intervertébraux (Hunt et coll., 2010, Schmid et coll., 2008, Newton et coll., 2008 et Newton et coll., 2008). Des tests biochimiques ou l'utilisation d'imagerie par effet tunnel ont permis de déterminer l'impact des dispositifs sur les disques intervertébraux (Braun et coll., 2004, Hunt et coll., 2010, Schmid et coll., 2008, Newton et coll., 2008 et Newton et coll., 2008). Enfin, pour déterminer l'ostéointégration des dispositifs dans les vertèbres et la restriction de mouvement engendrée par l'insertion des implants, des tests « pull-out » ex-vivo et in-vivo ont été réalisés (Braun et coll., 2005 et Puttlitz et coll., 2007). Les résultats de ces études sont donnés dans le Tableau 1.6. Une étude in-vitro sur des rachis de veaux a également permis de conclure que l'insertion d'agrafes en alliage à mémoire de forme réduit de façon statistiquement significatif ($p<0,05$) la mobilité de la colonne et endommage l'os l'entourant ainsi que les plaques de croissance. Il serait donc possible que la correction à long terme ne soit pas due à de la modulation de croissance mais au dommage tissulaire (Shillington et coll., 2011).

Tableau 1.6: Résultats des études histologiques, biochimiques et de « pull-out » de dispositifs minimalement invasifs

Dispositifs	Tests histologiques	Tests biochimiques sur le disque intervertébral	Tests de « pull-out »
Agrafes	-Pas de dégénération du disque intervertébral (Hunt et coll., 2010)	-Diminution de la densité cellulaire -Augmentation de l'apoptose cellulaire (Hunt et coll., 2010)	-Insertion faible par rapport aux ancres (Braun et coll., 2005) -Restriction du mouvement de rotation axiale et d'inclinaison latéral -Même effet avec une ou deux agrafes sur le mouvement (Puttlitz et coll., 2007 et Shillington et coll., 2011)
Micro-agrafes	-Apparition de cunéiformisation sur les vertèbres instrumentées -Pas d'altération de la morphologie des disques -Apparition d'hernies discales (Schmid et coll., 2008 et Driscoll et coll., 2011)		

Dispositifs	Tests histologiques	Tests biochimiques sur le disque intervertébral	Tests de « pull-out »
Ancres + attaches	-Apparition de cunéiformisation sur les vertèbres et disques des zones instrumentées -Déplacement du noyau du disque vers la convexité -Fibrose et désorganisation de l'annulus du côté concave (Braun et coll., 2004)	Nucléus : -Augmentation de l'hydroxyproline -Diminution des protéoglycanes Annulus : -Côté concave : augmentation de l'hydroxyproline, diminution des protéoglycanes -Côté convexe : diminution de l'hydroxyproline (Braun et coll., 2004)	-Meilleure insertion que les agrafes -Augmentation de la fixation au cours du temps (Braun et coll., 2005)
Ancres + attaches flexibles	-Pas de perte d'implants ou de cassures (Newton et coll., 2008) -Diminution de l'épaisseur du disque dans les zones instrumentées -Pas de cunéiformisation observées (Newton et coll., 2008b)	-Pas de dégénération du disque (Newton et coll., 2008) -Pas de changement dans la morphologie du disque et le contenu en eau -Meilleure synthèse de protéoglycanes pour les disques dans la zone instrumentée que pour les contrôles (Newton et coll., 2008b)	-Augmentation de la rigidité lors d'inflexion latérale et des mouvements de flexion/extension (Newton et coll., 2008b)

1.4 Modélisations du rachis

1.4.1 Reconstruction géométrique 3D du rachis par stéréoradiographie

De nombreuses techniques de reconstruction 3D de la colonne vertébrale existent. Le choix d'une technique dépend de l'application qui en est faite. Dans cette partie, seule la revue de littérature par rapport à la technique de reconstruction utilisée lors de ce projet, sera faite. Cette technique est la reconstruction géométrique 3D du rachis par stéréoradiographie.

La reconstruction 3D du rachis par stéréoradiographie est réalisée à partir de deux radiographies 2D : une postéro-antérieure et une latérale. Si la cage thoracique est également reconstruite une radiographie inclinée de 20° en postéro-antérieur peut-être nécessaire. La Figure 1-15 représente cette technique. La méthode se déroule en trois étapes. Le système d'acquisition d'images est d'abord calibré. Les primitives sont mises en correspondance. La reconstruction 3D est réalisée.

L'algorithme de base permettant cette reconstruction est le Direct Linear Transformation (DLT) qui permet la reconstruction de 6 points stéréo-correspondants, i.e. visibles sur les deux radiographies par vertèbres. Les points les plus précis sont les points des pédicules (Aubin et coll., 1997). Le modèle a été validé, car il permet de mesurer avec la même précision que sur les radiographies 2D, les indices cliniques, tels que l'angle de Cobb, la cyphose thoracique et la lordose lombaire (Labelle et coll., 1995).

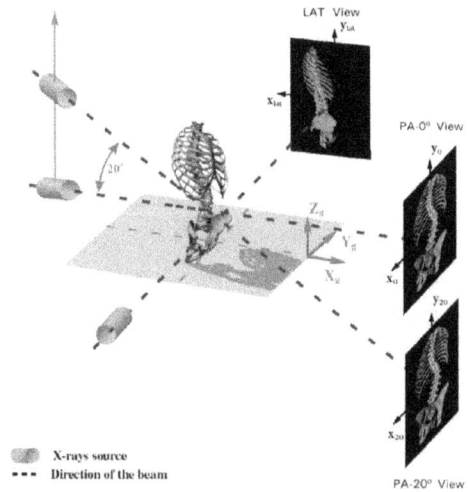

Figure 1-15 : Stéréoradiographie du rachis

À partir de cet algorithme, d'autres algorithmes ont été développés afin de reconstruire des points non-stéréo-correspondants. Le principe de cet algorithme est d'utiliser les 6 points de base afin d'obtenir d'autres points par l'utilisation d'une géométrie de base d'une vertèbre. Cette géométrie est déformée à partir des 6 points de base. Cette déformation de la géométrie peut être réalisée par l'utilisation de l'énergie de déformation (Mitton et coll., 2000, Mitelescu et coll., 2001 et Mitelescu et coll., 2002), par un modèle statistique (Benameur et coll., 2002 et Benemeur et coll., 2003) ou par une technique de krigeage (Delorme et coll., 2003). Toutes ces méthodes ont été validées (Mitelescu et coll., 2001, Benameur et coll., 2003 et Delorme et coll., 2003).

30

Afin d'accélérer les algorithmes, pour que la stéréoradiographie soit utilisable en clinique, une méthode semi-automatique de sélection des points stéréo-correspondants a été développée. Cette méthode est basée sur une étude statistique permettant de repérer par un algorithme les points sur les radiographies (Pomero et coll., 2004 et Valton et coll., 2004). Cette méthode a été validée cliniquement (Gille et coll., 2007). Sa précision de mesure est de 3,2° (Dumas et coll., 2008).

Le système de calibrage peut être implicite (Dansereau et coll., 1995) par l'utilisation d'un outil de calibrage déplacé entre les prises de radiographies afin d'être visibles sur les deux radiographies. Un calibrage explicite est également possible par l'utilisation de 6 points de contrôle et d'une jaquette (Cheriet et coll., 2002 et Cheriet et coll., 2007). Il est aussi possible de réaliser des calibrations sans éléments de calibrage. Dans ce cas, le calibrage est réalisé à l'aide des structures anatomiques (Novosad et coll., 2002 et Kadoury et coll., 2007). Ce type de calibrage a été validé (Kadoury et coll., 2007) mais est très sensible. Une échelle et une perspective peuvent être ajoutées afin de réduire cette sensibilité (Kadoury et coll., 2007b). L'utilisation de segmentation des radiographies peut aussi permettre de calibrer le modèle sans outil de calibrage (Kadoury et coll., 2010).

Une nouvelle technologie de stéréoradiographie, nommée EOS, a été développée (Dubousset et coll., 2005). Cette technique permet de prendre deux radiographies simultanément en position debout. EOS repose sur l'utilisation de détecteurs gazeux, inventés par Georges Charpak. Elle permet de diminuer significativement la dose de radiations pour le patient comme le montre le Tableau 1.7 (Deschênes et coll., 2010). La qualité des images obtenues est identique à celles obtenues par un système radiographique classique d'après l'observation d'experts (Vaiton et coll., 2004). La reconstruction 3D utilisé par EOS est réalisée par un algorithme en quatre étapes. Le système radiographique

Tableau 1.7: Dose émise par un système classique de radiographie et du système EOS

	Dose sur la peau (µGy)		Facteur de réduction
	Film	Eos	
Face (moyenne)	1196	127	9.4
Profil (moyen)	1618	192	8.4

31

est pré-calibré. Quatre repères anatomiques sont déterminés sur les radiographies, ce qui permet d'obtenir un volume de confinement dans l'espace, l'inclinaison latérale et sagittale de la vertèbre, et la ligne vertébrale qui joint les centres vertébraux. Un modèle théorique est construit à partir de 1628 vertèbres et 96 rachis complets, puis retro-projeté sur l'image radiographique. Les contours réels et virtuels sont alors mis en adéquation, ce qui permet d'obtenir la reconstruction 3D du rachis. Cette reconstruction a été validée, grâce à une comparaison avec des reconstructions obtenues par CT-Scan. L'erreur de reconstruction est inférieure à 1,5 mm par rapport au CT-Scan (Dubousset et coll., 2005). La reproductibilité de la méthode a également été démontrée (Rousseau et coll., 2007).

1.4.2 Modélisation par éléments finis du rachis

Des modèles éléments finis du rachis sont développés afin d'étudier des pathologies, comme la scoliose ou le spondylolisthésis, d'étudier le comportement du corps humain, comme la stabilité rachidienne ou les propriétés mécaniques des disques intervertébraux, ou de développer ou améliorer de nouvelles techniques de traitement, comme l'optimisation de chirurgie et de traitements orthopédiques.

Trois types de modèles existent : des modèles simplifiés, souvent uniquement composé de poutres, des modèles hybrides, ne comprenant que des poutres et une partie surfacique ou volumique et des modèles détaillés, composé majoritairement d'éléments volumiques. Les modèles volumiques comprennent souvent qu'une partie du rachis, voire uniquement une unité fonctionnelle. Le choix d'une modélisation dépend de l'utilisation du modèle. Un modèle éléments finis est un compromis entre précision et rapidité de calcul.

Le Tableau 1.8 décrit quelques modèles d'éléments finis du rachis. Dans ce tableau est explicitée la méthode permettant la validation du modèle. Cette validation se fait en général, à partir d'observations radiographies, de comparaison de tests mécaniques in-vitro et simulés, de comparaison de résultats de chirurgie ou par le taux de croissance. Le choix d'une validation dépend de l'exploitation faite du modèle et des données disponibles.

32

Tableau 1.8: Modèles par éléments finis du rachis

Description du modèle	Utilisation	Validation
Modèles simplifiés		
Représentation du rachis par une poutre entre chaque centre vertébral	Modélisation du rachis (Noone et coll., 1993)	Mesures de longueur sur des radiographies
Modèle contenant les vertèbres thoraciques et lombaires, les disques intervertébraux, les côtes, le sternum, les cartilages costaux, les joints costo-vertébraux et costo-transverse, les articulations zygapophysaires, les ligaments vertébraux et costaux. Environ 3000 éléments	Étude des déformations scoliotiques (Descrimes et coll., 1995, Aubin et coll., 1995 et Aubin et coll., 1996) Optimisation des corsets (Gignac et coll., 2000, Duke et coll., 2005 et Duke et coll., 2008) Études des corrections induites par les chirurgies invasives du rachis scoliotiques (Gréalou et coll., 2002)	Adaptation des propriétés mécaniques par la comparaison avec des tests mécaniques
Même modèle avec ajout du bassin et de huit groupes musculaires Environ 3300 éléments	Étude du recrutement musculaire chez des sujets scoliotiques (Garceau et coll., 2002)	Par des tests d'inclinaison latérale
Même modèle avec modification de la modélisation des vertèbres par l'ajout de 8 poutres par vertèbres Possibilité de modéliser la cage thoracique Pas de pelvis	Modélisation de la modulation de croissance (Villemure et coll., 2002, Villemure et coll., 2002b et Villemure et coll., 2004)	Validation quantitative : le modèle respecte la loi de Hueter-Volkmann
	Modélisation de l'effet de la cage thoracique sur les chirurgies du rachis scoliotique (Carrier et coll., 2005)	Par des tests d'inclinaison latérale
	Étude de l'impact de l'asymétrie des pédicules sur le développement de la scoliose (Huynh et coll., 2007 et Huynh et coll., 2007b)	Validation quantitative de la croissance
Même modèle que le précédent avec ajout de 8 éléments par disque intervertébral	Étude de l'effet de la cage thoracique lors de la croissance (Carrier et coll., 2004)	Précédemment validé
Adaptation du modèle précédent au poulet	Modéliser le processus d'obtention d'une scoliose sur des poulets pinéalectomisés (ablation de la glande pinéale) (Lafortune et coll., 2007)	Précédemment validé
Même modèle que le précédent avec simplification des parties postérieures et ajout du bassin	Modélisation de chirurgies invasives du rachis scoliotique (Lafage et coll., 2002)	Adaptation des propriétés mécaniques avec la rotation des vertèbres et la ligne directrice spinale
	Modélisation de la correction engendrée par les chirurgies invasives du rachis scoliotique (Dumas et coll., 2005)	Par des tests d'inclinaison latérale et de torsion
	Simulation du mécanisme de progression de la scoliose (Drevelle et coll., 2008 et Drevelle et coll., 2010)	--

33

Description du modèle	Utilisation	Validation
Modèles simplifiés		
Même modèle que le précédent avec simplification des parties postérieures et ajout du bassin	Modélisation de la correction engendrée par une technique de dérotation lors de chirurgies du rachis scoliotique (Lafon et coll., 2009 et Lafon et coll., 2010)	Par comparaison de résultats de chirurgie in-vivo
Modèle représentant les vertèbres de T1 à S1 par 7 éléments rigides, les disques intervertébraux de T12 à S1 par 6 éléments élastiques, les muscles dans la zone allant de L1 à L5	Étude des forces musculaires, des chargements internes et de la stabilité du rachis (Shirazi-Adl et coll., 2002 et Shirazi-Adl et coll., 2005)	--
	Étude du chargement du rachis humain et de sa stabilité (Arjmand et coll., 2006 et Arjmand et coll., 2008)	--
Modèle comprenant les vertèbres avec leur processus transverse, spinal, articulaire et le corps vertébral par des éléments élastiques, les disques intervertébraux, les facettes articulaires, les ligaments spinaux par des éléments câbles non linéaires et les muscles des rotateurs par des éléments câbles.	Étude d'une cause possible de la scoliose : la croissance asymétrique à l'origine de la scoliose (van der Plaats et coll., 2007)	Par la comparaison avec des essais mécaniques
Modèles hybrides		
Modèle développé par Aubin et coll. (1995) et Descrimes et coll. (1995) avec l'ajout de l'abdomen par des éléments volumiques	Étude de la correction des corsets (Périé et coll., 2003)	Précédemment validé
	Design de corsets (Clin et coll., 2007)	Précédemment validé
Modèle développé par Aubin et coll. (1995) et Descrimes et coll. (1995) avec l'ajout de l'abdomen et du thorax par des éléments volumiques	Étude de la correction des corsets (Clin et coll., 2007b)	Précédemment validé
Modèle développé par Aubin et coll. (1995) et Descrimes et coll. (1995) avec ajout d'une surface pour modéliser l'interface corset/patient	Modélisation de l'interface corset/patient (Clin et coll., 2007c)	Précédemment validé
Modèle représentant les vertèbres par des éléments volumiques, les parties postérieures par des éléments poutres, les côtes et le sternum par des éléments surfaciques	Étude de l'impact des propriétés des tissus mous sur la flexibilité de la scoliose (Little et Adam, 2009)	Par des tests d'inclinaison latérale

Description du modèle	Utilisation	Validation
Modèles détaillés du rachis lombaire		
À partir d'une géométrie réelle, modélisation des vertèbres par des éléments cubiques, du nucléus pulponus par une cavité de fluide incompressible, de l'annulus fibrosus par des éléments élastiques, des fibres dans l'annulus par des éléments poutres et de sept ligaments par des éléments élastiques ayant des propriétés non-linéaires	Étude de l'amplitude des forces musculaires dans la partie lombaire (Rohlmann et coll., 2006)	--
Modélisation de l'unité fonctionnelle L2-L3, comprenant les vertèbres, l'annulus pulponus, représenté par une matrice viscoélastique et des fibres viscoélastiques non-linéaires, le nucléus pulposus, les facettes articulaires et les ligaments	Étude du chargement critique du rachis (Wang et coll., 2005)	--
Modélisation de L3 à S1, comprenant les corps vertébraux, les processus spinaux, les pédicules, les facettes articulaires, les processus transverses et les disques intervertébraux (sans séparation annulus / nucléus)	Étude des disques de Charité (Goel et coll., 2006)	--
Modèle représentant à partir de géométrie réelle, une unité fonctionnelle comprenant les vertèbres, l'annulus et le nucléus	Modélisation des plaques de croissance dans un modèle détaillée de la colonne (Sylvestre et coll., 2007)	--
Modélisation de L3 à L4 comprenant les vertèbres, en tant que corps rigide, le disque intervertébral, les ligaments et les facettes articulaires	Étude de l'effet des déformations géométriques sur le rachis au cours de la croissance (Meijer et coll., 2010)	--
Modèles détaillés du rachis thoracique et lombaire		
Modélisation à partir de la géométrie réelle comprenant les vertèbres, les disques intervertébraux, les ligaments modélisés par des câbles et les parties postérieures	Comparaisons des comportements mécaniques de segments vertébraux de sujets sains et de sujets scoliotiques (Lafage et coll., 2002b)	
Modèle représentant les vertèbres et les disques intervertébraux par des volumes cubiques, et les ligaments et facettes articulaires par des éléments élastiques	Étude de techniques chirurgicales de traitements de la scoliose (Rohlmann et coll., 2006b)	
Modélisation de T3 à L2 comprenant les 12 corps vertébraux (corps rigide), les facettes articulaires (corps rigides), les 11 disques intervertébraux (éléments hexagonaux élastiques) et les ligaments principaux (éléments élastiques)	Modélisation d'un nouveau type de chirurgie du rachis (Rohlmann et coll., 2008)	

35

Description du modèle	Utilisation	Validation
Modèles détaillés du rachis lombaire		
À partir de la géométrie obtenue par CT-Scan, modèle contenant les corps vertébraux (os cortical et spongieux), les éléments postérieurs, les côtes, le sternum, le sacrum, le pelvis, les disques intervertébraux (avec la séparation annulus / nucléus et les fibres), les plaques de croissance, les articulations costo-vertébrales et costo-transverses, les facettes articulaires, l'articulation sacro-illiaque et certains ligaments	Étude des corrections engendrées par le corset (Nie et coll., 2008 et Nie et coll., 2009)	Utilisation de tests mécaniques in-vitro
Modèle représentant par des cylindres les corps vertébraux (os cortical et os spongieux), les disques intervertébraux avec la séparation annulus / nucléus, les plaques de croissance en trois zones (zone de transition, zone sensitive, métaphyse) Différentes propriétés mécaniques entre le côté concave et convexe de la courbure pour l'os spongieux et l'annulus	Étude de l'effet d'un biais entre la partie concave et convexe lors de la croissance (Driscoll et coll., 2009)	Observation de la distribution de contraintes dans le disque intervertébral situé entre L4 et L5 Observation du ratio de contrainte entre l'os cortical et trabéculaire Réalisation d'une croissance du rachis sur un sujet sain avec les mêmes propriétés mécaniques du côté concave et convexe comparé à la croissance d'un vrai sujet
Géométrie obtenue par stéréoradiographie Modèle comprenant les corps vertébraux (os cortical et os spongieux), les disques intervertébraux avec séparation annulus / nucléus et des fibres, les plaques de croissance (comprenant des fibres), la métaphyse, une zone de transition, et les ligaments antérieur et postérieur	Modélisation du positionnement intraopératoire du patient en décubitus latéral (Lalonde et coll., 2010 et Lalonde et coll., 2010b)	Par des tests mécaniques de compression, inclinaison latérale, tension et flexion latérale sur une unité fonctionnelle Comparaison d'indices cliniques après positionnement du patient obtenu dans le modèle et sur des radiographies

36

CHAPITRE 2   RATIONNELLE DU PROJET ET CADRE MÉTHODOLOGIQUE

Suite à la revue de la littérature, il est possible de résumer les points importants suivants :

1) La croissance osseuse vertébrale est sensible aux stimuli mécaniques via la loi de Hueter-Volkmann qui stipule qu'une augmentation de pression dans les plaques de croissance diminue la croissance, tandis qu'une diminution de pression augmente la croissance.

2) La scoliose engendre des déformations progressives du rachis et du thorax dans les trois plans de l'espace.

3) Il est reconnu que la progression des déformations scoliotiques est associée à une distribution asymétrique de contraintes dans les vertèbres en croissance.

4) Les déformations scoliotiques pourraient être corrigées en appliquant localement sur les vertèbres des contraintes inverses permettant de rétablir les profils rachidiens.

5) Il existe des chirurgies antérieures du rachis scoliotique, mais leur efficacité dans les trois plans de l'espace n'est pas reconnue.

6) Les chirurgies minimalement invasives, par abord antérieur, exploitant localement sur les vertèbres le principe de Hueter-Volkmann ont démontré leur faisabilité par des essais sur l'homme et certains modèles animaux, mais leur efficacité reste à prouver.

7) Le positionnement peropératoire du patient peut être modélisé dans un modèle éléments finis (MÉF) volumique du rachis scoliotique.

8) La réduction de la déformation pré-instrumentation n'est pas simulée lors de la modélisation par éléments finis de la chirurgie antérieure.

37

Ces considérations amènent à poser l'hypothèse suivante :

« La réduction pré-instrumentation de la déformation scoliotique
a une influence cliniquement et statistiquement significative
(p<0,05) sur la correction dans le plan frontal et sagittal du
rachis scoliotique lors d'une instrumentation antérieure.»

La correction dans le plan frontal et sagittal sera caractérisée par la mesure de l'angle de Cobb de la courbure principale dans le plan frontal, de la lordose lombaire et de la cyphose thoracique dans le plan sagittal, de la cunéiformisation dans le plan frontal des disques intervertébraux dans la zone instrumentée et des contraintes dans les plaques de croissance vertébrales dans cette même zone.

L'objectif principal de ce projet est donc d'analyser biomécaniquement la contribution de la réduction pré-instrumentation lors de la mise en place d'instrumentations antérieures pour corriger les déformations scoliotiques.

Afin de répondre à cet objectif, le projet comprendra les trois objectifs spécifiques suivants :

1) Développer et/ou adapter un modèle par éléments finis (**EF**) du rachis scoliotique afin de modéliser les différentes étapes d'une chirurgie par abord antérieur.

2) Évaluer le modèle à partir d'essais mécaniques *in-vitro*, de radiographies de patients et d'une étude de sensibilité des propriétés mécaniques du modèle ÉF.

3) Exploiter le modèle ÉF pour simuler la correction engendrée par différentes stratégies de chirurgie par abord antérieur puis comparer ces stratégies.

CHAPITRE 3   MÉTHODOLOGIE

La méthodologie développée durant ce projet suit les trois objectifs spécifiques du projet. Le déroulement du projet est résumé dans le diagramme suivant :

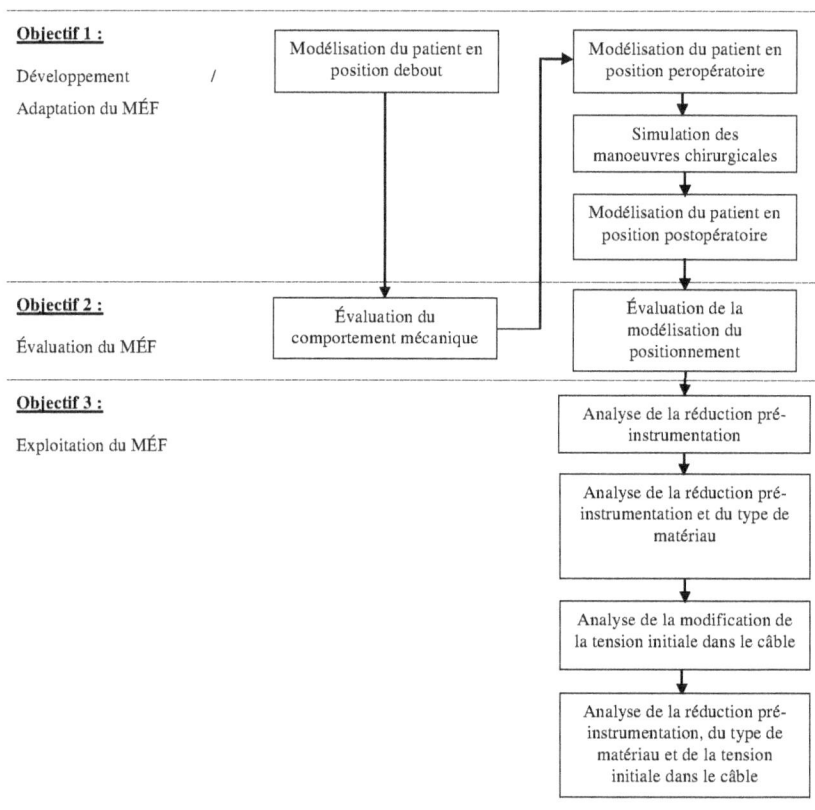

Figure 3-1 : Diagramme de la méthodologie du projet

3.1 Objectif 1 – Développement/adaptation d'un modèle par éléments finis du rachis

Le modèle par éléments finis de base utilisé lors de ce projet a été développé par Lalonde et coll., 2008, Lalonde et coll., 2010 et Lalonde et coll., 2010b. Ce développement comprenait la création du modèle incluant la définition de la géométrie, du maillage, des propriétés mécaniques et des conditions aux limites, la modélisation de la position debout (Lalonde et coll., 2008) et la modélisation du positionnement du patient en décubitus latéral. Cette approche de modélisation a été complétée sur 6 patients scoliotiques (Lalonde et coll., 2010 et Lalonde et coll., 2010b).

Cette section comprend cinq sous-sections. La première sous-section (sous-section 3.1.1) présente le modèle précédemment développé avec la description de la géométrie, des propriétés mécaniques et du maillage. La deuxième sous-section (sous-section 3.1.2) décrit la méthode utilisée pour la modélisation de la position debout. La troisième sous-section (sous-section 3.1.3) explicite la modélisation du positionnement peropératoire. Ensuite, la modélisation des manœuvres chirurgicales est décrite (sous-section 3.1.4). Enfin, la dernière sous-section (sous-section 3.1.5) présente la modélisation du retour en position debout. Les sous-sections 3.1.1, 3.1.2 et 3.1.3 s'appuient donc sur des travaux antérieurs (Lalonde et coll., 2008, Lalonde et coll., 2010 et Lalonde et coll., 2010b) alors que les sous-sections 3.1.4 et 3.1.5 ont été entièrement développées au cours de ce projet.

3.1.1 Présentation du modèle

Le modèle utilisé représente uniquement le rachis ostéo-ligamentaire antérieur (corps vertébraux, disques intervertébraux, ligaments), compte tenu que les chirurgies modélisées consistent en l'insertion d'implants dans les corps vertébraux, sans altération des parties postérieures des vertèbres. La simulation à long terme des effets des chirurgies étant envisagée, les plaques de croissance sont également intégrées dans le modèle. Ceci permet également d'évaluer l'impact de la chirurgie sur la répartition des contraintes dans les plaques de croissance.

La modélisation de la géométrie du rachis est réalisée dans le logiciel Ansys WorkBench 12.1 (Ansys, Connonsburg, USA) à partir d'une reconstruction 3D obtenue par stéréoradiographies (Delorme et coll., 2003). Pour ce faire, les points antérieurs, postérieurs, gauches et droits de chaque plateau vertébral, issus de la reconstruction, sont utilisés pour générer le modèle. Ils sont reliés par quatre splines, à partir desquelles une surface, représentant le plateau vertébral, est reconstruite. Ensuite, à partir de ces plateaux vertébraux sont générées les plaques de croissance, les métaphyses et des zones de transition de maillage, l'os cortical, l'os spongieux et les disques intervertébraux. Les plaques de croissance, les métaphyses et les zones de transition sont représentées par des volumes s'apparentant à des cylindres. Les zones de transition de maillage permettent de faire la liaison entre les métaphyses et l'os, le maillage de l'os spongieux et cortical étant tétraédrique et celui des autres éléments étant cubique. L'os spongieux est modélisé par des volumes entourés d'une coque représentant l'os cortical. Les disques intervertébraux comprennent le nucléus, représenté par une forme plus ou moins cylindrique, et l'annulus représenté par quatre sections volumiques sur son pourtour. La géométrie obtenue est présentée à la Figure 3-2 et à la Figure 3-3.

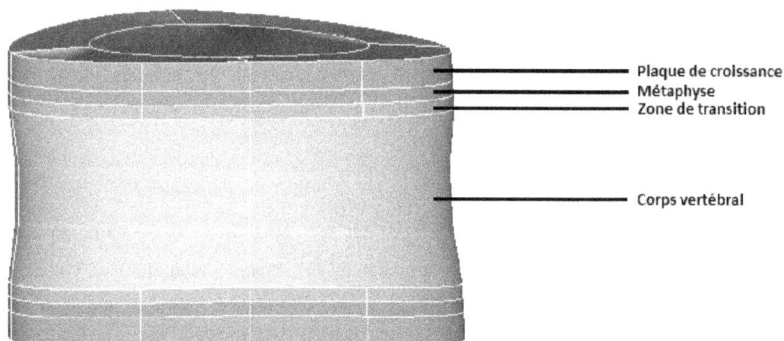

41

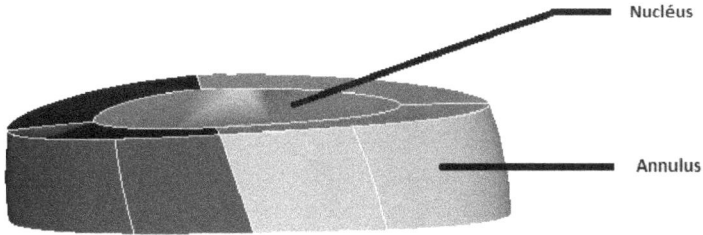

Nucléus

Annulus

B

Figure 3-2 : Modélisation géométrique A) d'une vertèbre et B) d'un disque intervertébral dans le modèle

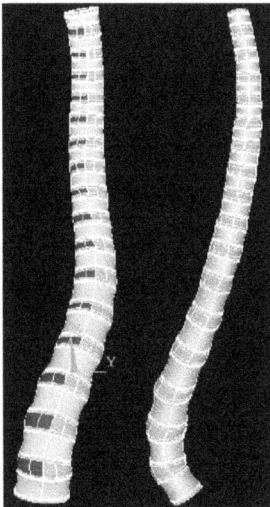

Le modèle contient également les fibres de collagène de l'annulus, ainsi que les ligaments antérieur et postérieur. Ces structures sont modélisées par des éléments de type câble agissant en tension seulement. Les ligaments postérieur et antérieur modélisés mesurent 7 mm et 27 mm de largeur respectivement (Lalonde et coll., 2010).

Basé sur la méthode décrite par Pearsall et coll., 1996, les centres de masse de chaque vertèbre sont obtenus et reliés aux vertèbres par des éléments poutres de chaque côté des vertèbres.

Figure 3-3 : Géométrie du rachis

42

Les propriétés mécaniques des différentes structures incluses dans la modélisation sont tirées de la littérature et sont présentées dans le Tableau 3.1 :

Tableau 3.1: Propriétés mécaniques des différentes structures modélisées

Structures	Loi	Référence	Module d'Young E (MPa)	Module de cisaillement G (MPa)	Coeff. de Poisson	Modèle Mooney-Rivlin
Vertèbres						
Os cortical	Linéaire élastique	Goel et coll., 1993	12000	--	0,3	--
Os spongieux	Linéaire élastique	Goel et coll., 1993	100	--	0,3	--
Disques intervertébraux						
Annulus thoracique	Hyper-élastique	Sylvestre et coll., 2007 et Petit et coll., 2004	8	--	0,45	C10 = 5,5172 C01 = 1,3793 d = 0,0145
Annulus lombaire	Hyper-élastique	Goel et coll., 1993	4	--	0,45	C10 = 5,5172 C01 = 1,3793 d = 0,0004
Nucléus	Hyper-élastique	Sylvestre et coll., 2007	3	--	0,4999	C10 = 0,4 C01 = 0,1 d = 0,0004
Fibres de collagène	Linéaire élastique	Little et coll., 2007 et Petit et coll., 2004	655	--	0,3	--
Zones de croissance						
Plaque de croissance	Linéaire élastique isotrope transverse	Sergerie et coll., 2009	Ex = 8,65 Ey = 8,65 Ez = 0,51	Gxy = 3,488 Gyz = 0,418 Gxz = 0,418	Nuxy = 0,24 Nuyz = 0,08 Nuxz = 0,08	--
Métaphyse	Linéaire élastique	Lalonde et coll., 2010	2	--	0,2	--
Zone de transition	Linéaire élastique	Lalonde et coll., 2010	23	--	0,2	--
Ligaments						
Antérieur	Linéaire élastique	Sylvestre et coll., 2007 et Petit et coll., 2004	20	--	0,3	--
Postérieur	Linéaire élastique	Sylvestre et coll., 2007 et Petit et coll., 2004	70	--	0,3	--

43

Le maillage est plus raffiné dans les plaques de croissance, afin d'obtenir une représentation détaillé des contraintes dans ces structures. Les tissus osseux étant beaucoup plus rigides que les autres structures rachidiennes, leur maillage est plus grossier avec des éléments tétraédriques. Les autres structures (métaphyse, zone de transition, l'annulus et le nucléus) comportent des éléments cubiques. Pour une colonne thoraco-lombaire (de T1 à L5), le modèle comprend 44 494 nœuds et 118 062 éléments. Les spécificités du maillage sont résumées dans le Tableau 3.2.

Tableau 3.2: Type de maillage du MÉF

Structures	Type de modélisation	Type d'éléments	Éléments Ansys
Os cortical	Surfacique	Tétraédriques	Shell181
Os spongieux	Volumique	Tétraédriques	Solid186
Annulus	Volumique	Cubiques	Solid185
Nucléus	Volumique	Cubiques	Solid185
Fibres de collagène	Par éléments poutres	Poutres	Link10
Plaque de croissance	Volumique	Cubiques	Solid185
Métaphyse	Volumique	Cubiques	Solid185
Zone de transition	Volumique	Tétraédriques	Solid186
Ligaments antérieurs	Éléments câbles	Poutres	Link10
Ligaments postérieurs	Éléments câbles	Poutres	Link10

3.1.2 Modélisation de la position debout

Les radiographies préopératoires se faisant dans la position debout, une méthodologie a été développée afin d'obtenir les contraintes préopératoires dans l'ensemble des structures rachidiennes. Deux repères seront utilisés pour décrire cette méthodologie : le repère global rachidien $\mathcal{R}_g$ et le repère local vertébral $\mathcal{R}_l$, qui correspond au repère au niveau d'une vertèbre.

3.1.2.1 Notions de follower load

La méthodologie permettant la modélisation de la position debout repose sur l'équilibre de chaque niveau vertébral, obtenu grâce à l'action combinée des muscles, des ligaments et de la gravité ainsi que grâce à la réaction des disques intervertébraux et ce, en intégrant les notions de *follower load* (Patwardhan et coll., 1999 et Popovich et coll., 2009). Cette notion s'exprime par le fait que le rachis est soumis, afin d'assurer sa stabilité, à une force constante tout le long de la colonne ayant pour ligne d'action la courbure de la colonne (Partwardhan et coll., 1999). En se plaçant dans le repère local d'une vertèbre, cette force s'opère donc exclusivement suivant la direction perpendiculaire aux plateaux vertébraux (axe vertical (z) dans le repère local vertébral $\mathscr{R}l$ du modèle).

3.1.2.2 Principe fondamental de la statique

A chaque niveau intervertébral, l'équilibre est assuré par le fait que la somme des forces et la somme des moments dans les trois directions de l'espace sont nulles. Ce bilan est fait en isolant une par une les différentes vertèbres de la colonne et en se plaçant dans le repère local $\mathscr{R}l$ de la vertèbre.

En ce qui concerne les moments, chaque vertèbre est soumise au moment dû à la gravité et au moment dû aux forces musculaires; ce dernier moment est inconnu. Les moments engendrés par les forces de réaction et par les forces exercées par le niveau supérieur sont négligés dans ce bilan. Le moment dû à la gravité est calculable à partir de la force de gravité exercée sur la vertèbre. Le calcul du moment musculaire inconnu peut donc être facilement obtenu.

Les forces exercées sur chaque niveau vertébral sont la force de gravité $\overrightarrow{Fg}$, la force exercée par le niveau supérieur $\overrightarrow{Fp}$, la force de réaction du niveau inférieur $\vec{R}$ et les forces musculaires et/ou ligamentaires $\overrightarrow{Fm}$. D'après Pearsall et coll., 1996, il est possible de déterminer la répartition de la force gravitationnelle sur le rachis. Cette force agit dans la direction verticale dans le repère global $\mathscr{R}g$. La force gravitationnelle $\overrightarrow{Fg}$ est donc entièrement connue sur un niveau vertébral. Il est pris pour hypothèse que la force $\overrightarrow{Fp}$

45

exercée sur le premier niveau vertébral est l'inverse de la force gravitationnelle exercée sur la tête. Aux autres niveaux vertébraux, la force exercée par le niveau supérieure $\overrightarrow{Fp}$ peut être calculée à chaque niveau comme l'inverse de la force de réaction $\vec{R}$ du niveau supérieur. La force de réaction $\vec{R}$ est suivant la direction verticale (z) dans le repère local $\mathcal{R}$ du niveau vertébral. Les forces musculaires suivant la direction verticale dans le repère de la vertèbre sont les mêmes pour tous les niveaux vertébraux d'après les notions de *follower load*. De plus, il est reconnu que le disque L4-L5 supporte 1,5 fois le poids auquel il est soumis (Nachemson, 1966). La force musculaire suivant la direction verticale locale a donc été calculée de sorte que la force résultante à ce disque soit 1,5 fois le poids du tronc, ce qui équivaut à 15N pour chaque niveau vertébral. Les forces musculaires suivant les deux autres directions sont inconnues.

La résolution de l'équilibre pour chaque niveau vertébral équivaut donc à déterminer les forces musculaires dans les deux axes horizontaux (x et y dans le repère local $\mathcal{R}$) et la force de réaction du niveau inférieur dans la direction verticale. La somme des forces étant nulle, ces paramètres sont obtenus à chaque niveau vertébral par les équations suivantes :

$$Fmx = -(Fgx + Fpx)$$

$$Fmy = -(Fgy + Fpy)$$

$$R = -(Fgz + Fpz + Fmz)$$

Les résultantes des forces de réaction de la partie inférieure $\vec{R}$ et exercées par la partie supérieure $\overrightarrow{Fp}$ sont dans tous les cas au moins dix fois inférieures aux résultantes des autres forces. De plus, ces forces sont exercées proche du bras de levier, i.e. du centre de la vertèbre, par rapport aux autres forces. L'hypothèse négligeant les moments des forces $\vec{R}$ et $\overrightarrow{Fp}$ est donc justifiée.

46

3.1.2.3 Recherche des contraintes internes

Une fois les forces minimales requises pour l'équilibre connues, il est nécessaire de les appliquer sur le rachis afin de déterminer l'état de contraintes de celui-ci lorsqu'il est à l'équilibre. Seulement, les forces ne peuvent être directement appliquées sur le rachis, car la géométrie de celui-ci serait alors modifiée, ce qui n'est pas souhaité. Le même type de méthodologie que celui développé par Clin et coll, 2011 a été mis en place dans le modèle.

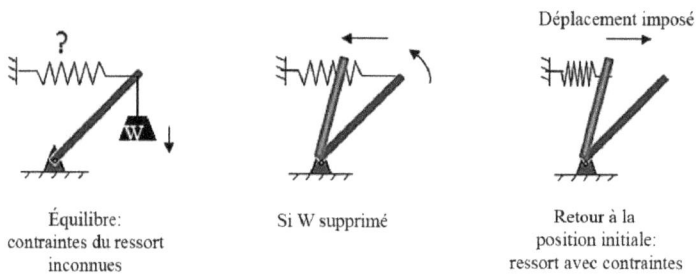

Figure 3-4 : DCL : Détermination des contraintes internes d'un ressort

Afin de déterminer les contraintes internes du rachis, celui-ci est donc amené dans un état hypothétique d'apesanteur, puis ramené à sa géométrie initiale contrainte cette fois-ci. Afin de mieux comprendre le principe, prenons une poutre chargée d'un poids W et maintenue à l'état d'équilibre par un ressort avec un état de contraintes inconnu (Figure 3-4). Lorsque le poids est retiré, la poutre tourne jusqu'à ce que l'énergie interne du ressort soit nulle. Si la poutre est par la suite ramenée à sa position initiale, l'énergie du ressort pourra alors être calculée. Le même principe peut être appliqué au rachis (Figure 3-5). Il suffit dans un premier temps de calculer les forces nécessaires pour l'équilibre, de retirer la gravité dans un deuxième temps en gardant inchangée les forces d'équilibre, puis de ramener le rachis à sa position initiale dans un dernier temps par un déplacement. Lors de ces étapes, quatre points appartenant à L5 sont bloqués en x,y,z. Ces étapes sont illustrées sur la Figure 3-6.

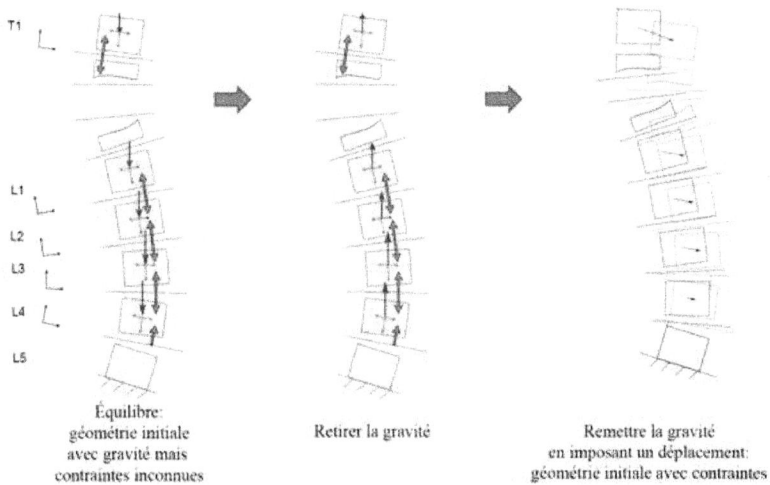

T1

L1

L2

L3

L4

L5

Équilibre:
géométrie initiale
avec gravité mais
contraintes inconnues

Retirer la gravité

Remettre la gravité
en imposant un déplacement:
géométrie initiale avec contraintes

Figure 3-5 : Illustration de la détermination des contraintes internes dans le cas du rachis

48

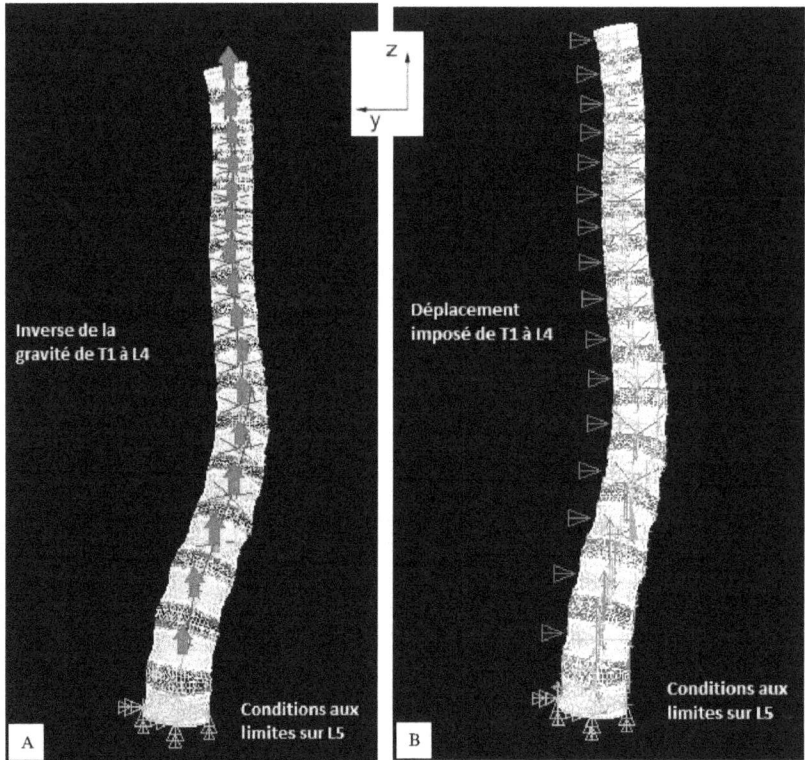

Figure 3-6 : Recherche des contraintes internes du rachis dans le modèle

A Retirer la gravité (force représentée par les flèches rouges, les conditions au limite par les triangles oranges et verts sur L5),
B Remettre la gravité en imposant un déplacement (représenté par les triangles rouges, les conditions aux limites pars les triangles oranges et verts)

3.1.3 Modélisation de la mise en position peropératoire du patient

La mise en position peropératoire est réalisée suivant les trois étapes de modélisation détaillées ci-dessous (Figure 3-7).

Étape 1 (Figure 3-7A) : La première étape consiste à enlever la gravité appliquée à la colonne, suivant l'axe z. Pour cela, des forces opposées à la gravité sont appliquées sur les centres de masse des vertèbres (obtenus d'après la méthode de Pearsall et coll., 1996), afin de représenter les forces et moments exercés par la gravité sur la colonne. Durant cette étape, les vertèbres T1 jusqu'à l'apex de la cyphose (identifiés par radiographie), sont bloquées en x afin de simuler le contact entre la cage thoracique et la table de chirurgie en position décubitus latéral. L5 est bloquée dans toutes les directions.

Étape 2 (Figure 3-7B) : Cette deuxième étape consiste en l'inclinaison de la vertèbre L5 afin que le plateau inférieur de L5 soit parallèle au plan transverse global du patient, si l'angle de Cobb de la courbure principal diminue à moins de 25° lors du test d'inclinaison latérale. Cette étape a été proposée et validée sur 6 patients par Lalonde et coll., 2010 afin de calibrer les conditions aux limites. Au cours de cette étape, les vertèbres supérieures sélectionnées précédemment sont maintenues bloquées en x, mais également en y, pour empêcher une augmentation de la déformation du rachis dans le plan frontal. Cette étape représente l'effet de l'alignement du bassin sur la table de chirurgie, généralement réalisée en début de chirurgie. L'étape a été réalisée sur 8 patients sur 15 de cette étude présentant une diminution de l'angle principal de courbure à moins de 25° sur le test d'inclinaison latérale.

Étape 3 (Figure 3-7C) : Pour finir le positionnement du patient, la gravité est réappliquée sur toutes les vertèbres, mais suivant l'axe y afin de représenter le changement d'orientation de la gravité lors du passage d'un patient debout à un patient couché sur le côté. Comme lors de l'étape précédente, les premières vertèbres sont bloquées en x et en y. L5 est maintenue bloquée dans toutes les directions.

50

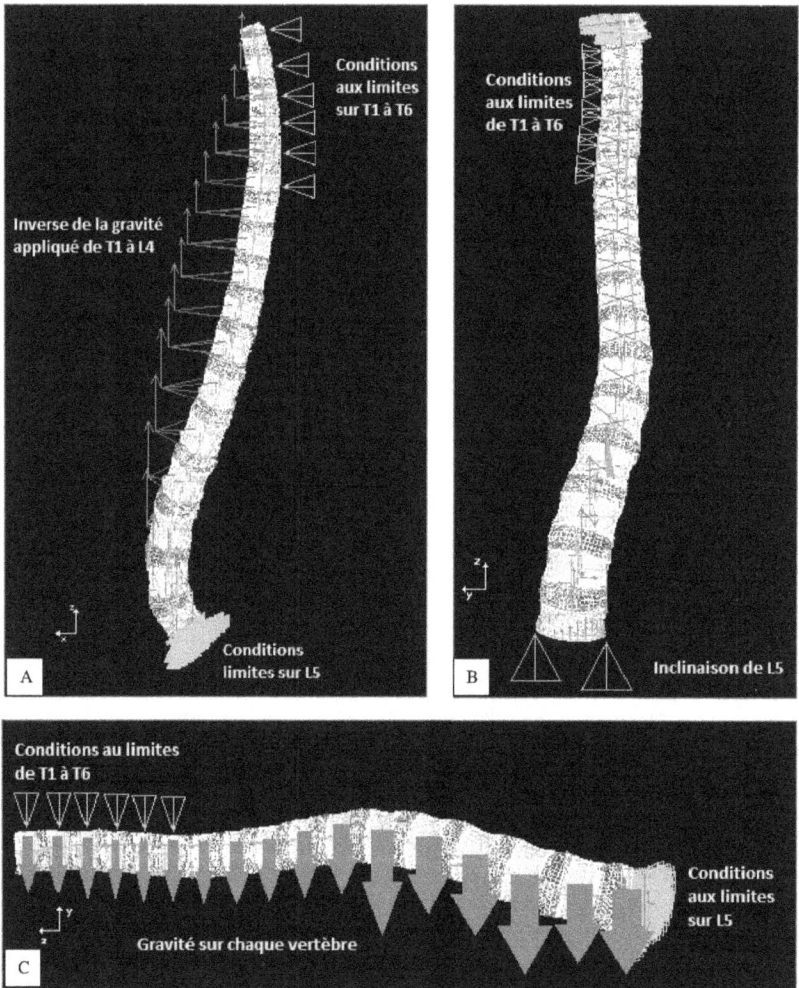

Figure 3-7 : Positionnement peropératoire du patient. Dans cet exemple, la vertèbre apicale est T6.
A Étape 1 : retrait de la gravité, B Étape 2 : inclinaison de L5, C Étape 3 : réapplication de la gravité

3.1.4 Modélisation des manœuvres chirurgicales

Les manœuvres chirurgicales sont réalisées suivant les trois étapes de modélisation détaillées ci-dessous.

Étape 1 : Avant d'insérer les implants, le chirurgien exerce parfois une force sur la colonne afin de réduire la courbure. Dans notre modèle, il est supposé que le chirurgien applique cette force en un seul point, soit sur la vertèbre apicale, car cette application permet la plus grande réduction de la courbure principale. D'ailleurs, cette réduction revient à soumettre le rachis à une flexion de type trois points. D'après une étude réalisée sur une cohorte de chirurgiens (Duke et coll., 2005), la force maximale exercée par le chirurgien sur la colonne lors d'une chirurgie est de 150N. La force exercée sur l'apex de la courbure principale variera donc de 50N à 150N dans le modèle. Lors de cette étape, les premières vertèbres thoraciques, sélectionnées précédemment (de T1 à l'apex de la cyphose, voir section 3.1.3) sont à nouveau bloquées en x et en y. Le haut du rachis peut donc uniquement translater suivant la direction z. La vertèbre L5 est bloquée dans toutes les directions. La réalisation de cette étape dans le modèle est illustrée à la Figure 3-8.

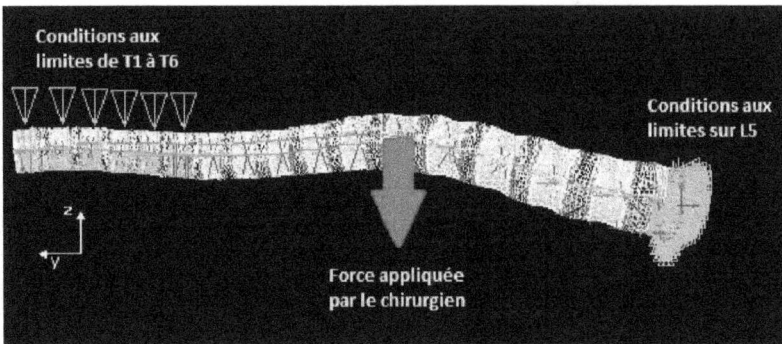

Figure 3-8 : Application d'une force pré-instrumentation par le chirurgien.
Dans cet exemple, la vertèbre apicale est T6.

Étape 2 : La seconde étape vise à simuler les implants qui sont ensuite insérés dans la colonne. Ces implants sont modélisés par un câble sous tension reliant les corps vertébraux adjacents. Cette modélisation permet de représenter la majorité des implants insérés par abord antérieur. La colonne est instrumentée sur les mêmes niveaux vertébraux que l'opération réellement subie par les patients de l'étude. Le matériau du câble, la tension dans le câble et la distance du câble par rapport à la colonne peuvent varier. Le câble est modélisé par des éléments liens (link10) en tension uniquement. Ce câble est relié aux vertèbres par des liens rigides (link180). Ces liens sont au nombre de 3 par corps vertébral, ce qui permet d'éviter la rotation non voulue des implants lors des différentes étapes de la simulation. Trois types de matériaux sont modélisés. Leurs caractéristiques mécaniques sont listées dans le Tableau 3.3. Il est supposé que tous les matériaux ont un comportement linéaire élastique dans la plage de sollicitations mécaniques investiguée.

Tableau 3.3: Caractéristiques des trois types de matériaux du câble

Matériau	Module d'Young (MPa)	Comportement
Type acier	193 000	Linéaire élastique
Type polyéthylène	500	Linéaire élastique
Type titane	83 000	Linéaire élastique

La tension initiale dans le câble est modélisée par une déformation initiale dans les éléments câbles. Cette déformation initiale est fixée de façon à obtenir une tension initiale de 50N ou de 150N dans le câble. Les éléments étant linéaires élastiques, la déformation initiale ε est reliée aux contraintes internes σ par l'équation :

$$\sigma = E\,\varepsilon\text{ , avec E représentant le module d'Young.}$$

Par ailleurs, la tension T dans le câble est liée aux contraintes internes σ par la relation :

$$T = \sigma\pi d^2/4\text{ , où d est le diamètre du câble.}$$

Ainsi, la relation entre la déformation initiale et la tension dans le câble est :

$$\varepsilon = 4T/(E\pi d^2).$$

53

En imposant une déformation initiale au câble, on obtient donc une tension initiale. Néanmoins, la valeur de la tension initiale dans le câble peut être légèrement différente de la valeur calculée par la déformation initiale, car imposer une déformation initiale modifie l'élongation du câble et donc la géométrie du modèle. Ainsi, une optimisation par descente de gradient a permis d'obtenir la déformation initiale optimale afin d'obtenir une tension initiale de 50N ou de 150N. Lors de l'ajout d'une tension dans le câble, les mêmes conditions limites que précédemment sont utilisées.

Pour la distance du câble par rapport à la colonne, deux modélisations sont proposées dans cette étude: une modélisation où les câbles sont très proches de la colonne (i.e. à une distance de 0,5 cm des corps vertébraux) et une modélisation où les câbles sont éloignés de la colonne (i.e. à une distance de 1 cm des corps vertébraux). La réalisation de cette étape dans le modèle est illustrée à la Figure 3-9.

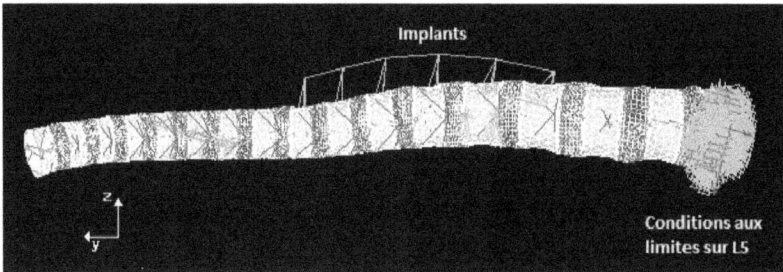

Figure 3-9 : Insertion des implants

Étape 3 : Une fois les implants insérés, le chirurgien cesse d'exercer une force sur la colonne. Dans le modèle, cette étape est simulée par la suppression de la force exercée par le chirurgien. Le système retourne alors à l'équilibre par la résolution des équations d'équilibre. Le rachis se déforme pour permettre ce retour à l'équilibre. Les conditions limites sont toujours les mêmes que celles utilisées lors des deux étapes précédentes de la modélisation, i.e. que les premières vertèbres thoraciques sont bloqués en x et en y et que L5 est bloquée dans toutes les directions.

54

Afin de vérifier que cette modélisation est judicieuse, la force exercée par le chirurgien est appliquée sur la colonne puis retirée sans qu'aucun implant ne soit inséré. La colonne doit alors reprendre sa position initiale. Cette étape de vérification est réalisée pour tous les patients avant de modéliser l'insertion des implants.

3.1.5 Modélisation de la mise en position postopératoire du patient

Une fois le patient opéré, il revient en position debout. La modélisation de ce retour en position debout est l'inverse de la modélisation du positionnement en décubitus latéral. Cette modélisation est donc également réalisée suivant trois étapes détaillées ci-dessous.

Étape 1 : La première étape consiste à enlever la gravité appliquée à la colonne, suivant l'axe y. Pour ce faire, des forces opposées à la gravité sont appliquées sur les centres de masse de chaque vertèbre. Au cours de cette étape, les vertèbres T1 jusqu'à l'apex de la cyphose sont de nouveau bloquées en x. Elles sont également bloquées en y pour empêcher une augmentation de la déformation de colonne dans le plan frontal. L5 est bloquée dans toutes les directions.

Étape 2 : Cette deuxième étape consiste en l'inclinaison de L5 à l'opposé de l'inclinaison effectuée lors de la mise en position en décubitus latéral. Si le patient n'est pas instrumenté, L5 retrouve sa position d'origine. Si le patient est instrumenté, L5 ne reprend pas sa position initiale, dû à la présence de l'instrumentation, qui exerce une résistance sur le rachis et donc modifie la flexibilité de la colonne. Les mêmes conditions limites que celles modélisées précédemment sont utilisées lors de cette étape. Cette étape est effectuée pour les mêmes patients que ceux utilisés lors de l'étape 2 de la mise en position décubitus latéral, i.e. pour les patients ayant une réduction à moins de 25° de la courbure principale lors de la réalisation du test d'inclinaison latérale.

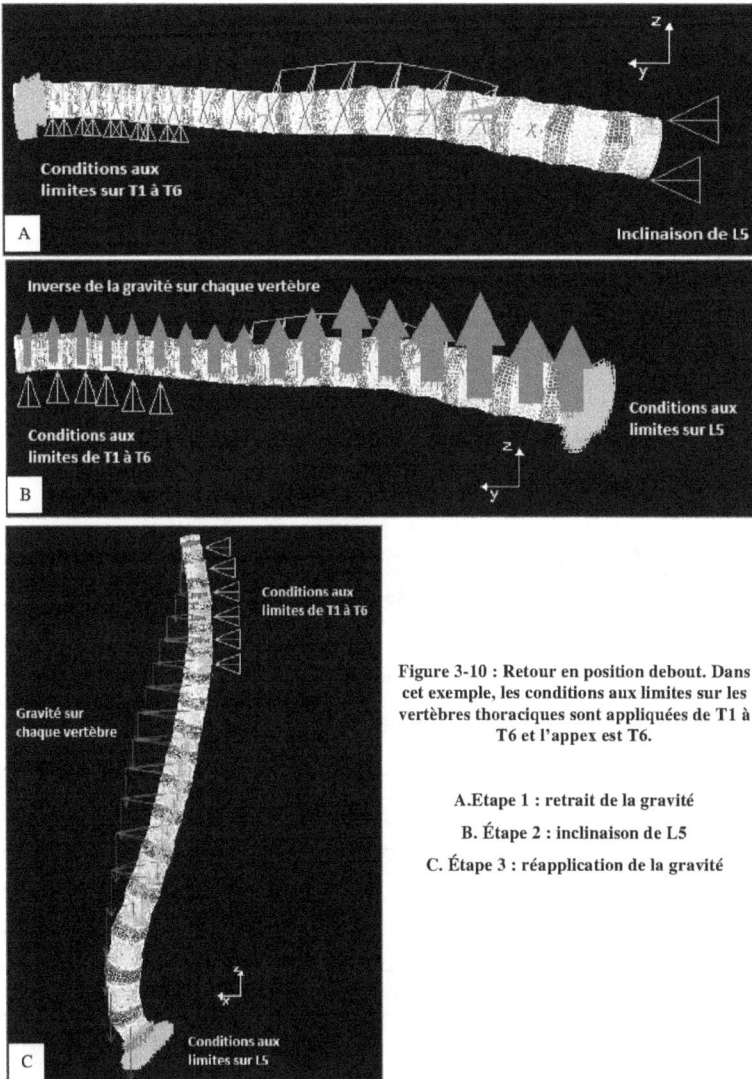

A

Conditions aux limites sur T1 à T6

Inclinaison de L5

Inverse de la gravité sur chaque vertèbre

Conditions aux limites de T1 à T6

Conditions aux limites sur L5

B

Conditions aux limites de T1 à T6

Gravité sur chaque vertèbre

Conditions aux limites sur L5

C

Figure 3-10 : Retour en position debout. Dans cet exemple, les conditions aux limites sur les vertèbres thoraciques sont appliquées de T1 à T6 et l'appex est T6.

A. Etape 1 : retrait de la gravité

B. Étape 2 : inclinaison de L5

C. Étape 3 : réapplication de la gravité

Étape 3 : Finalement, la gravité est réappliquée suivant l'axe z sur les centres de masse des vertèbres, afin de représenter le changement d'orientation de la gravité lors du passage d'un patient de la position couchée à la position debout. Le patient n'étant plus en contact avec une table de chirurgie, seul L5 est bloquée dans toutes les directions. Aucunes conditions limites ne sont appliquées sur les premières vertèbres thoraciques.

La modélisation de ces étapes est illustrée à la Figure 3-10.

3.2 Objectif 2 – Évaluation du modèle par éléments finis

3.2.1 Sujets d'étude

Cette étude a utilisé la reconstruction 3D de rachis thoraciques et lombaires de 15 patients scoliotiques. Suivant la classification Lenke, ces patients ont les caractéristiques données dans le Tableau 3.4, basé sur leurs dossiers médicaux :

Tableau 3.4: Caractéristiques des patients utilisés dans l'étude

Patients	Type de scoliose	Angle de Cobb dans le plan frontal (°)	Niveaux instrumentés	Angle de Cobb lors du test d'inclinaison
1	1AN	25	T9 à L2	20
2	5CN	44	T11 à L4	18
3	2AN	59	T5 à T12	24
		58	L1 à L4	??
4	5CN	54	T10 à L3	30
5	5CN	40	T10 à L3	16
6	5CN	48	T11 à L3	31
7	5CN	41	T11 à L3	28
8	1A	71	T3 à L4	22
9	1A	62	T5 à T12	15
10	2A	73	T3 à T7	36
		72	T8 à L3	25
11	3B	66	T3 à T11	25
		66	T12 à L3	14
12	1AN	49	T10 à L3	28
13	5CN	55	T10 à L4	36
14	4A	64, 91 et 59	T3 à L3	12, 51, 23
15	2BN	88	T2 à T11	50
		65	T11 à L1	32

L'angle de Cobb lors du test d'inclinaison est l'angle de Cobb mesuré durant le test d'inclinaison permettant une réduction de la (ou des) courbure(s) dans le plan frontal.

3.2.2 Évaluation du comportement mécanique du modèle

L'évaluation du comportement mécanique du modèle a été effectuée à deux niveaux : sur une unité fonctionnelle (UF) et sur l'ensemble de la colonne par une étude de sensibilité. L'étude sur l'unité fonctionnelle a permis d'évaluer le comportement mécanique local du modèle. L'étude de sensibilité sur l'ensemble de la colonne a permis d'évaluer le comportement global du système suivant les propriétés mécaniques des différentes structures du modèle.

3.2.2.1 Unité Fonctionnelle

Afin d'évaluer le comportement mécanique du modèle, l'unité fonctionnelle (L1-L2) d'un patient a été testée en compression de 150 et 750N, en inclinaison latérale de 7,5Nm, en torsion de 7,5Nm et en flexion latérale de 150Nm. Le déplacement de L1 par rapport à L2 a par la suite été comparé à des données *in-vitro* publiées dans la littérature (Pearsall et coll., 1984 et Beckstein et coll., 2008).

3.2.2.2 Étude de sensibilité

Une étude de sensibilité sur les propriétés mécaniques des différentes composantes de la colonne a été réalisée. Cette étude de sensibilité s'est basée sur un plan d'expériences permettant de déterminer les propriétés mécaniques ayant une influence statistiquement significative sur la modélisation de la chirurgie. L'étude a été menée uniquement sur le patient 1. Un paramètre a été identifié statistiquement significatif si l'indice p était inférieur à 0,05 et a été identifié cliniquement significatif pour la mesure d'angle si la différence de mesure dans deux conditions différentes de ce paramètre était d'au moins 5° (angle de Cobb, lordose lombaire, cyphose thoracique).

L'os cortical et l'os spongieux étant très rigides par rapport aux autres éléments de la colonne, il a été supposé que leur rigidité n'aurait aucune influence significative sur le résultat de la chirurgie. Les paramètres testés en entrées du plan d'expériences étaient donc : la valeur du coefficient C10 du nucléus et de l'annulus ainsi que du module d'Young des fibres et des ligaments antérieur et postérieur. Les intervalles de valeurs dans lesquels ces paramètres pouvaient varier ont été choisis suivant la littérature. Ces intervalles sont détaillés dans le Tableau 3-5.

Tableau 3.5: Intervalle de variation des propriétés mécaniques de différentes structures du rachis

Paramètres		Valeur minimale	Valeur maximale
C10 de l'Annulus		1,8 (Schmidt et coll., 2007)	7 (Little et coll., 2009)
C10 du Nucléus		0,12 (Schmidt et coll., 2007b)	0,4 (Lalonde et coll., 2010)
E des ligaments	antérieur	100 MPa	300 MPa
	postérieur	600 MPa	800 MPa
E des fibres		450 MPa (Meijer et coll., 2010)	655MPa (Little et coll., 2007)

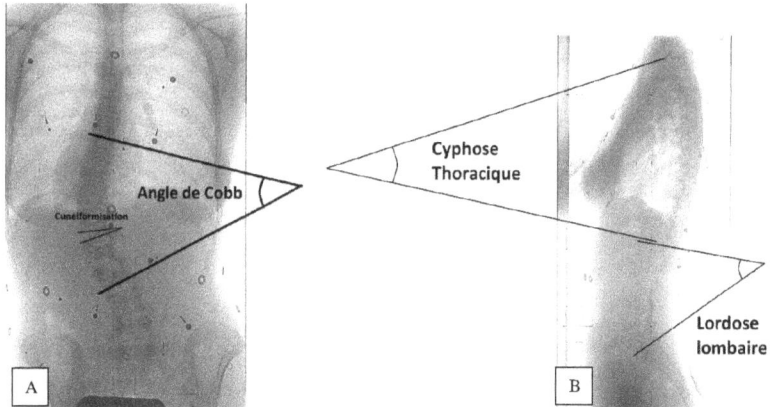

Figure 3-11 : Paramètres mesurés sur les radiographies

A Radiographie antéro-postérieure : Angle de Cobb et cunéiformisation des disques intervertébraux

B radiographie latérale : cyphose thoracique et lordose lombaire

L'expérience réalisée dans ce plan consistait en la simulation de la chirurgie avec l'application d'une force de 150N sur la colonne (étape 1, section 3.1.4) avec des câbles en acier, d'après la reconstruction 3D du patient 1. Les paramètres de sortie observés étaient : l'angle de Cobb de la courbure principale dans le plan frontal, la lordose lombaire et la cyphose thoracique dans le plan sagittal, la cunéiformisation des disques intervertébraux dans le plan frontal de la zone instrumentée et les contraintes dans les plaque de croissance dans cette même zone, en postopératoire. Ces différents paramètres sont représentés sur la Figure 3-11.

Pour la mesure des contraintes internes dans les plaques de croissance, la moyenne des contraintes pour le côté concave (moy$_a$) et la moyenne des contraintes pour le côté convexe (moy$_e$) ont été mesurées en position initiale, i.e. lorsque le patient est debout avant la chirurgie. Les mêmes moyennes ont aussi été récupérées après la simulation de la chirurgie. La variable suivante a par la suite été calculée pour analyser l'effet sur les contraintes :

$$Contrainte = (moy_a - moy_e)_{final} - (moy_a - moy_e)_{initial}$$

Avant la chirurgie, le côté concave de la plaque de croissance est en compression. La moyenne des contraintes du côté concave est donc négative. Le côté convexe de la plaque de croissance est en tension. La moyenne des contraintes du côté convexe est donc positive. La différence de la moyenne du côté concave avec la moyenne du côté convexe est donc négative. Afin de corriger la déformation, d'après la loi de Huetter-Volkman, il est nécessaire d'inverser cette tendance. Pour cela, il faut que le côté concave soit mis en tension, et que le côté convexe soit mis en compression. La différence des moyennes après la chirurgie doit donc être plus faible (en valeur absolue) que cette différence avant la chirurgie lorsque le patient est encore debout. La variable *Contrainte* doit donc être négative si on veut obtenir une correction possible à long terme par modulation de croissance.

Le plan d'expériences est un plan fractionnaire de 2^{5-1} expériences, comme le montre le Tableau 3-6.

Tableau 3.6: Plan d'expériences afin de tester la sensibilité du modèle vis-à-vis des propriétés mécaniques des différentes structures rachidiennes du modèle

C10 de l'annulus	C10 du nucléus	E du ligament antérieur (MPa)	E du ligament postérieur (MPa)	E des fibres (MPa)
1,8	0,12	100	600	655
1,8	0,12	100	800	450
1,8	0,12	300	600	450
1,8	0,12	300	800	655
1,8	0,4	100	600	450
1,8	0,4	100	800	655
1,8	0,4	300	600	655
1,8	0,4	300	800	450
7	0,12	100	600	450
7	0,12	100	800	655
7	0,12	300	600	655
7	0,12	300	800	450
7	0,4	100	600	655
7	0,4	100	800	450
7	0,4	300	600	450
7	0,4	300	800	655

3.2.3 Évaluation de la modélisation du positionnement peropératoire et postopératoire du patient

La méthodologie simulant le positionnement du patient en décubitus latéral a été réalisée pour les patients 1 ; 5 ; 6 ; 9 ; 13 et 15 (Lalonde et coll., 2010). Ces mêmes patients ont été utilisés pour développer la méthode permettant le retour en position debout du patient dans le modèle. Le résultat du positionnement en décubitus latéral et du retour en position debout dans le modèle a été comparé à des radiographies grâce à la mesure des paramètres suivants : l'angle de Cobb de la courbure principale dans le plan frontal, la translation vertébrale apicale (TVA) thoracique, la TVA lombaire, si mesurable sur la radiographie, et la hauteur maximale, c'est-à-dire la distance horizontale entre les centres des deux vertèbres extrêmes visibles sur la radiographie (souvent la hauteur est calculée entre T6 et L3). Ces mesures ont permis de déterminer si ces deux méthodologies représentent au mieux la réalité du positionnement du patient.

Les approches de modélisation ainsi développées pour simuler le positionnement du patient en décubitus latéral et son retour en position debout ont par la suite été appliquées aux 9 autres patients, afin d'évaluer l'applicabilité de ces deux méthodologies sur un grand nombre de patients. Pour ces 9 patients, les mêmes comparaisons ont été faites entre les radiographies et les résultats de la simulation. La Figure 3-12 représente les indices cliniques mesurés et comparés au modèle lors de cette étude.

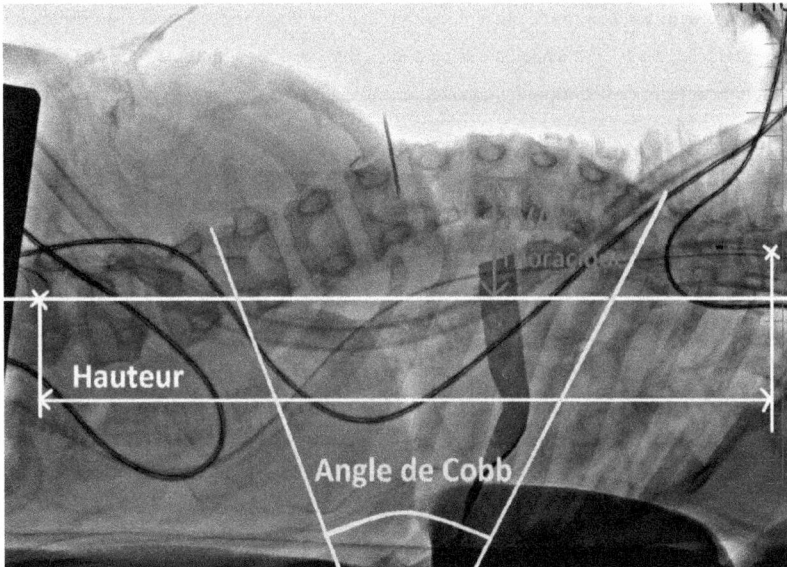

Figure 3-12 : Paramètres mesurés sur la radiographie postérieure peropératoire

3.3 Objectif 3 – Exploitation du modèle par éléments finis

L'exploitation du modèle a été faite en quatre étapes. Dans un premier temps (sous-section 3.3.1), seule l'influence de la réduction pré-instrumentation a été testée sur 6 patients. Ensuite (sous-section 3.3.2), des plans d'expériences numériques, également réalisés sur 6 patients, ont permis de déterminer l'influence de la réduction pré-instrumentation par rapport à des paramètres reliés à la modélisation de l'implant (le matériau du câble et la distance du câble par rapport aux corps vertébraux). Troisièmement (sous-section 3.3.3), l'influence de la tension initiale dans le câble en polyéthylène a été testée afin de déterminer si ce paramètre avait également une influence significative sur les résultats de la chirurgie. En quatrième étape (sous-section 3.3.4), une étude globale des paramètres influents a été réalisée afin de conclure sur l'influence de chaque paramètre et sur le ou les paramètres les plus influents sur la correction engendrée par une chirurgie par abord antérieur. Cette dernière étude a été faite par des plans d'expériences sur 6 patients permettant de tester l'influence du matériau du câble, de l'amplitude de la réduction pré-instrumentation et de la tension initiale dans le câble.

3.3.1 Étude 1 : Influence de la réduction pré-instrumentation

L'objectif de cette étude était de déterminer si la réduction de la déformation pré-instrumentation a une influence significative sur la correction postopératoire. Pour cela, trois stratégies de chirurgies ont été simulées pour les six premiers patients du Tableau 3-4 (voir sous-section 3.2.1). Les paramètres d'instrumentation des trois stratégies sont explicités dans le Tableau 3.7.

Tableau 3.7: Stratégies permettant de tester l'influence de la réduction pré-instrumentation

Stratégie	Force exercée par le chirurgien (N)	Matériau du câble	Tension initiale dans le câble	Distance du câble par rapport aux corps vertébraux (cm)
1	0	Acier	50	0,5
2	50	Acier	50	0,5
3	150	Acier	50	0,5

Le but de cette étude était de déterminer l'importance de l'étape de la réduction de la déformation pré-instrumentation. Ainsi, il a été choisi de comparer la stratégie 1, i.e. sans

63

l'ajout d'un effort externe sur le rachis, avec les deux autres stratégies, i.e. la stratégie 2 comprenant une faible réduction de la déformation pré-instrumentation et la stratégie 3 comprenant une plus forte réduction de la déformation pré-instrumentation. Les deux comparaisons permettaient donc de tester l'influence d'une grande et d'une petite réduction pré-instrumentation sur la correction engendrée par une chirurgie par abord antérieur du rachis scoliotique. Les résultats de la chirurgie ont été comparés (stratégies 1 vs 2 et stratégies 1 vs 3) en termes d'angle de Cobb de la courbure principale, de lordose lombaire et de cyphose thoracique dans le plan sagittal, de la cunéiformisation des disques intervertébraux dans le plan frontal dans la zone instrumentée et d'asymétrie des contraintes dans les plaques de croissance dans cette même zone grâce à la variable *Contrainte*. Ces paramètres (en dehors de la variable *Contrainte*) sont représentés sur la Figure 3-11.

Afin de déterminer si les résultats des différentes stratégies de chirurgie avaient une différence statistiquement significative, des tests de Student pairé ont été réalisés à partir des résultats de ces stratégies sur les six patients et pour ces deux comparaisons (stratégies 1 vs 2 et stratégies 1 vs 3).

3.3.2 Étude 2 : Influence de la réduction pré-instrumentation, du matériau du câble et de la distance du câble par rapport aux corps vertébraux

L'objectif de cette étude était de déterminer si l'amplitude de la réduction pré-instrumentation et le matériau du câble ont une influence significative sur la correction de la déformation postopératoire. Dans cette étude, le câble a une prétension de 50N et un diamètre constant de 1 mm. L'étude a été menée sur les six premiers patients du Tableau 3-4 (voir sous-section 3.2.1). Afin de répondre à l'objectif de cette étude, un plan d'expériences par patient a été réalisé. Ce plan a comporté deux paramètres d'entrée : l'amplitude de la force exercée sur la colonne, qui caractérisait l'amplitude de la réduction de la déformation pré-instrumentation, et le matériau du câble. L'amplitude de la force exercée par le chirurgien pouvait être de 50N, 100N ou de 150N et trois types de matériaux ont été modélisés pour les câbles : l'acier, le polyéthylène et le Nitinol. Il a été choisi de faire varier la force de réduction suivant trois valeurs afin d'analyser l'impact d'une force de réduction intermédiaire sur la correction.

Ces deux paramètres pouvant prendre trois valeurs, l'équation de réponse des plans d'expériences était quadratique. Elle avait la forme :

$$Y = aX_1 + bX_2 + cX_1^2 + dX_2^2,$$

avec X_1 la variable correspondant à la force exercée sur la colonne, X_2, la variable correspondant au type de matériau du câble, et a, b, c, d, les coefficients déterminés par le plan d'expériences. Il était supposé qu'aucune corrélation entre les deux paramètres n'existait. Les paramètres influents sur la réponse pouvaient donc être les paramètres linéaires (correspondant aux coefficients a et b) ou quadratiques (correspondant aux coefficients c et d).

Pour le premier patient de l'étude, la distance des câbles par rapport aux corps vertébraux des vertèbres a été ajoutée en entrée du plan d'expériences. Cette distance pouvait être de 0,5 cm ou 1 cm. La distance n'a été testée que pour un patient, ce paramètre étant difficile à faire varier dans le modèle et n'ayant montré aucune influence significative sur ce patient. Le plan d'expériences dans ce dernier cas était un plan mixte complet comprenant $3^2 2^1$ expériences, comme le montre le Tableau 3.8.

Les paramètres mesurés en sortie étaient l'angle de Cobb de la courbure principale, la lordose lombaire et la cyphose thoracique dans le plan sagittal, la cunéiformisation des disques intervertébraux dans le plan frontal de la zone instrumentée et les contraintes dans les plaques de croissance dans cette même zone grâce à la variable *Contrainte*. Ces paramètres (en dehors de la variable *Contrainte*) sont représentés sur la Figure 3-11.

Afin de généraliser les résultats, cette étude a été réalisée sur les six premiers patients.

Tableau 3.8: Plan d'expériences afin de tester l'influence de la réduction pré-instrumentation, du matériau du câble et de la distance du câble par rapport aux corps vertébraux sur la correction.

Force exercée par le chirurgien (N)	Matériau du câble	Distance du câble vis-à-vis des corps vertébraux (cm)
150	Acier	0,5
150	Polyéthylène	0,5
150	Nitinol	0,5
100	Acier	0,5
100	Polyéthylène	0,5
100	Nitinol	0,5
50	Acier	0,5
50	Polyéthylène	0,5
50	Nitinol	0,5
150	Acier	1
150	Polyéthylène	1
150	Nitinol	1
100	Acier	1
100	Polyéthylène	1
100	Nitinol	1
50	Acier	1
50	Polyéthylène	1
50	Nitinol	1

3.3.3 Étude 3 : Influence de la tension dans le câble dans le cas du polyéthylène

L'objectif de cette étude était de déterminer si la tension initiale dans le câble a une influence significative sur les résultats de la chirurgie. Il a été choisi de réaliser cette étude sur les câbles en polyéthylène, car ce sont les câbles les moins rigides. Un changement de tension dans ces câbles entrainerait donc une plus grande déformation des câbles.

Quatre stratégies de chirurgies ont été simulées pour les six premiers patients du Tableau 3-4 (voir sous-section 3.2.1). Ces stratégies de chirurgie étaient celles données dans le Tableau 3.9.

66

Tableau 3.9: Stratégies permettant de tester l'influence de la tension initiale dans le câble en polyéthylène

Stratégie	Force exercée par le chirurgien (N)	Matériau du câble	Tension initiale dans le câble (N)	Distance du câble par rapport aux corps vertébraux (cm)
1	150	Polyéthylène	50	0,5
2	150	Polyéthylène	150	0,5
3	50	Polyéthylène	50	0,5
4	50	Polyéthylène	150	0,5

Les quatre stratégies de chirurgie ont permis de faire varier la tension dans le câble, tout en considérant également une réduction pré-instrumentation de la déformation importante (stratégies 1 et 2) ou plus faible (stratégies 3 et 4). L'étude portant, dans cette partie, uniquement sur l'influence de la tension initiale dans le câble, il a été choisi de comparer les stratégies 1 et 2 puis les stratégies 3 et 4 en termes d'angle de Cobb de la courbure principale, de lordose lombaire et de cyphose thoracique dans le plan sagittal, de la cunéiformisation des disques intervertébraux dans le plan frontal dans la zone instrumentée et d'asymétrie des contraintes dans les plaques de croissance dans cette même zone grâce à la variable *Contrainte*. Ces paramètres (en dehors de la variable *Contrainte*) sont représentés sur la Figure 3-11.

Afin de déterminer si les résultats des différentes stratégies de chirurgie, étaient différents, des tests de Student pairé ont été réalisés à partir des résultats de ces stratégies sur les six premiers patients pour ces deux comparaisons (stratégies 1 vs 2 et stratégies 3 vs 4).

3.3.4 Étape 4 : Influence globale des différents paramètres d'étude

L'objectif de cette étude était de déterminer si l'amplitude de la réduction pré-instrumentation, le matériau du câble et la tension dans le câble ont une influence significative sur la correction de la déformation postopératoire. Afin de répondre à cet objectif, un plan d'expériences a été réalisé. Ce plan a comporté en entrée trois paramètres : l'amplitude de la force exercée par le chirurgien sur la colonne, qui caractérise l'amplitude de la réduction de la déformation pré-instrumentation, le matériau du câble et la tension initiale dans le câble. L'amplitude de la force exercée par le chirurgien pouvait être de 50N ou de 150N. D'après l'étude précédente (voir partie 3.3.2), l'acier et le Nitinol permettent d'obtenir la même correction. C'est pourquoi, seuls deux types de matériau ont été modélisés dans ce plan : l'acier et le polyéthylène. La tension initiale dans le câble pouvait être de 50N ou 150N. Il a été choisi dans cette étude de faire varier la force de réduction uniquement suivant deux valeurs, car le nombre de paramètres étaient plus importants que lors de l'étude 2 (voir section 3.3.2) et un modèle linéaire suffit pour l'approche faite dans cette étude, c'est-à-dire de connaitre les paramètres influents sur la correction. Le plan d'expériences était un plan complet comprenant 2^3 expériences, comme le montre le Tableau 3.10.

Tableau 3.10: Plan d'expériences afin de tester l'influence de la réduction pré-instrumentation, du matériau du câble et de la tension dans le câble sur la correction.

Force exercée par le chirurgien (N)	Matériau du câble	Tension dans le câble (N)
150	Acier	50
150	Acier	150
150	Polyéthylène	50
150	Polyéthylène	150
50	Acier	50
50	Acier	150
50	Polyéthylène	50
50	Polyéthylène	150

Les paramètres mesurés en sortie incluaient l'angle de Cobb de la courbure principale, la lordose lombaire et la cyphose thoracique dans le plan sagittal, la cunéiformisation des disques intervertébraux dans le plan frontal dans la zone instrumentée et les contraintes dans les plaques de croissance dans cette même zone grâce à la variable *Contrainte*. Ces paramètres (en dehors de la variable *Contrainte)* sont représentés sur la Figure 3-11.

Afin de généraliser les résultats, cette étude a été réalisée sur les six premiers patients.

CHAPITRE 4   RÉSULTATS

Cette section présente les résultats obtenus au cours de ce projet de recherche. Dans un premier temps (section 4.1), les résultats de l'évaluation du modèle seront présentés. Dans un second temps (section 4.2), les résultats de l'exploitation du modèle seront déclinés.

4.1 Évaluation du modèle

4.1.1 Comportement mécanique du modèle

En ce qui concerne le comportement mécanique du modèle, l'unité fonctionnelle L1-L2 a un déplacement de 0,3 mm et 1,4 mm pour des forces de compression de 150N et 750N respectivement et de 0,8 mm lors d'une flexion latérale de 150N. Ces valeurs représentent une différence maximale de 0,25 mm par rapport aux données expérimentales de Panjabi et coll., 1984 et Beckstein et coll., 2008. Le test d'inclinaison latérale simulé avec le modèle engendre un déplacement de 0,9 mm au niveau de L1 et une rotation de 2,4°, comparé à 0,65 mm et 3,5° d'après les tests expérimentaux de Panjabi et coll., 1984. Enfin, une rotation de 0,2° est obtenue durant le test de torsion simulé avec le modèle, comparé à 0,5° d'après l'étude de Panjabi et coll., 1984.

Les diagrammes de Pareto obtenus pour l'étude de sensibilité du modèle sont présentés sur les Figures 4-1 à 4-5. L'étude a été menée sur les cinq disques intervertébraux de la zone instrumentée et sur les dix plaques de croissance dans cette même zone. Les résultats étant quasiment identiques suivant le disque intervertébral et la plaque de croissance, seule un diagramme de Pareto est ici présenté. Le reste des diagrammes de Pareto sont reportés en Annexe A.

Les propriétés mécaniques de l'annulus ont une influence statistiquement significative sur l'angle de Cobb, la lordose lombaire, la cunéiformisation des disques intervertébraux et l'asymétrie des contraintes dans les plaques de croissance dans la zone instrumentée. De plus, ce coefficient engendre une différence entre deux mesures d'angle de Cobb pouvant atteindre 6°. De même, la variation de cunéiformisation d'un disque intervertébral peut atteindre 5°. Néanmoins, la variation sur la mesure de la lordose lombaire est toujours inférieure à 1° dans le plan d'expériences réalisé. Enfin, *Contrainte* est supérieure à 0,2 MPa quel que soit le niveau intervertébral.

Les propriétés mécaniques des autres structures testées ont parfois une influence statistiquement significative sur la réponse, comme par exemple le module de Young des fibres et du nucléus sur la mesure de l'angle de Cobb. Néanmoins, ces paramètres (C10 du nucléus et les modules d'Young des fibres, des ligaments antérieur et postérieur) n'engendrent jamais une variation de la mesure sur l'angle de Cobb, la lordose lombaire et la cyphose thoracique supérieure à 5°. La variation maximale de la mesure de la cunéiformisation des disques intervertébraux dans le plan frontal dans la zone instrumentée est inférieure à 1°. De même, ces paramètres n'engendrent pas une variation de *Contrainte* supérieure à 0,1 MPa.

71

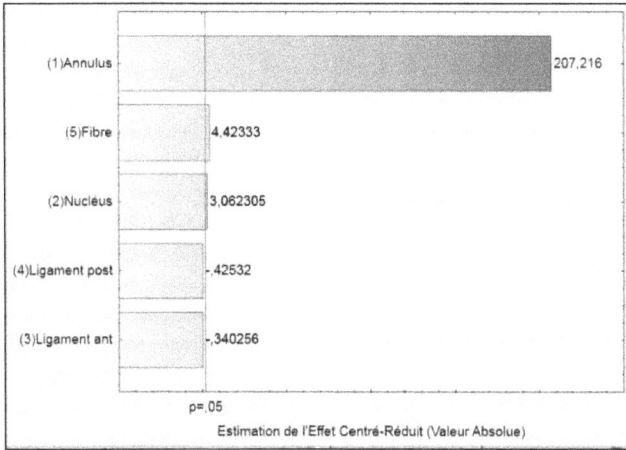

Figure 4-1 : Diagramme de Pareto de l'influence des paramètres sur l'angle de Cobb lors de l'étude de sensibilité du modèle

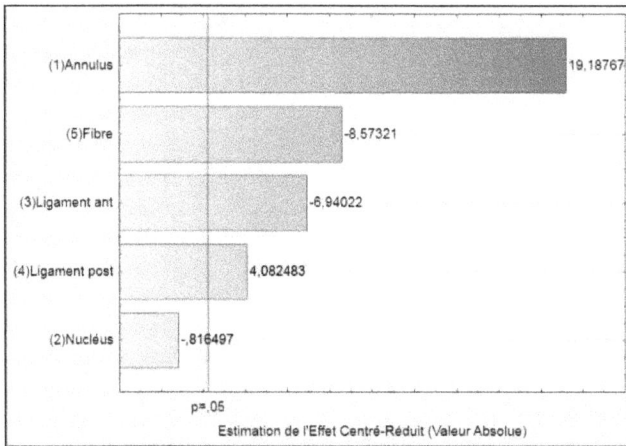

Figure 4-2 : Diagramme de Pareto de l'influence des paramètres sur la lordose lombaire lors de l'étude de sensibilité du modèle

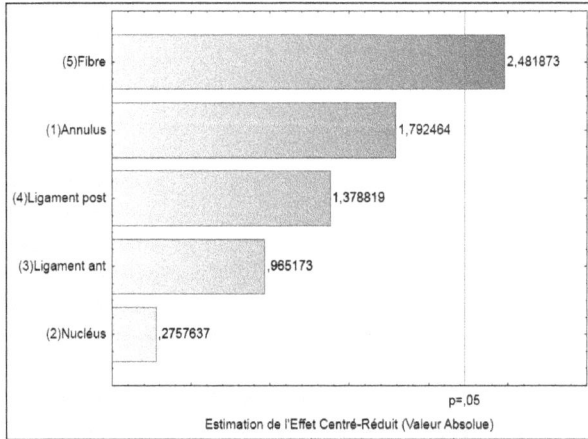

Figure 4-3 : Diagramme de Pareto de l'influence des paramètres sur la cyphose thoracique lors de l'étude de sensibilité du modèle

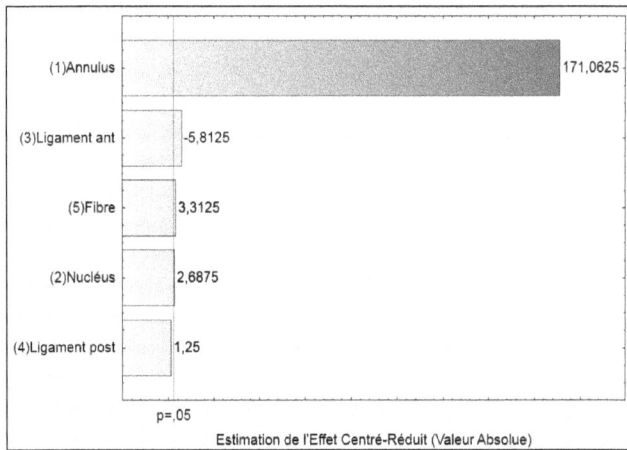

Figure 4-4 : Diagramme de Pareto de l'influence des paramètres sur la cunéiformisation du disque intervertébral T1-T2 lors de l'étude de sensibilité du modèle

73

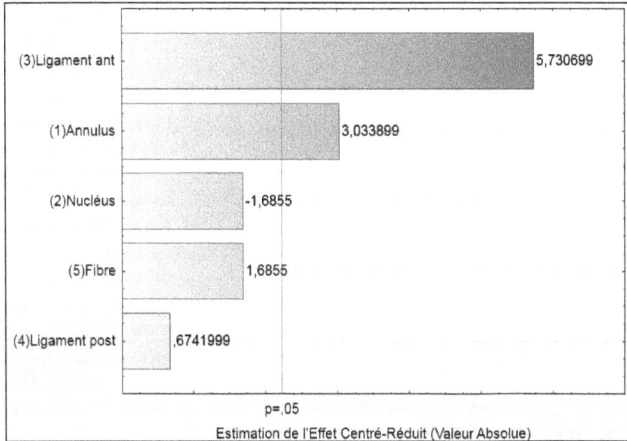

Figure 4-5 : Diagramme de Pareto de l'influence des paramètres sur les contraintes internes de la
plaque de croissance supérieure de la vertèbre T11 lors de l'étude de sensibilité du modèle

4.1.2 Modélisation du positionnement per- et postopératoire du patient

Les résultats de l'évaluation de la modélisation du positionnement peropératoire du patient sont présentés dans le Tableau 4.1. Ce tableau contient les différences maximales, minimales et moyennes entre les valeurs mesurées sur radiographies et celles obtenues avec le modèle. Les résultats sont donnés suivant deux groupes de patients : le groupe 1 comprend les six patients ayant permis de développer la méthode, le groupe 2 comprend les neuf patients ayant permis d'évaluer la méthode.

En ce qui concerne l'angle de Cobb, pour les patients du groupe 1 et du groupe 2, la différence moyenne est toujours inférieure à 5°, la différence maximale étant de 5,3° pour les patients du groupe 1 et de 3,7° pour les patients du groupe 2.

En ce qui concerne les TVA thoraciques et lombaires, la différence maximale pour tous les patients ne dépasse pas 8 mm. La différence est supérieure à 5 mm uniquement

74

pour deux patients sur 15. Quel que soit le groupe de patients choisi, la différence moyenne est inférieure à 5 mm.

Enfin, en ce qui concerne la hauteur du centre de la vertèbre T1 au centre de la vertèbre L5, la différence maximale dépasse 10 mm uniquement pour trois patients sur 15 et n'excède pas 15 mm pour tous les patients. Enfin, la différence moyenne quel que soit le groupe de patients choisi, est inférieure ou égale à 5 mm.

Tableau 4.1: Résultats de l'évaluation de la modélisation du positionnement peropératoire

Paramètres	Développement de la méthode (6 cas)			Évaluation de la méthode (9 cas)		
	Min.	Max.	Moy.	Min.	Max.	Moy.
Angle de Cobb (°)	0,80	5,3	2,6	0,70	3,7	2,5
TVA Thoracique (mm)	0,3	3	1,6	0,7	7,1	2,8
TVA Lombaire (mm)	1,8	1,8	1,8	0,3	2,1	1,2
Hauteur (mm)	0,7	13,5	5,0	0,1	5,6	2,6

Les résultats de l'évaluation de la modélisation du retour à la position debout du patient sont présentés dans le Tableau 4.2. Ce tableau contient les différences maximales, minimales et moyennes entre les valeurs mesurées sur radiographie et celles obtenues avec le modèle pour les patients des deux groupes.

En ce qui concerne l'angle de Cobb, la différence est toujours inférieure à 1° sauf pour un patient. Quel que soit le groupe de patients choisis, la différence moyenne est proche de zéro (0,2° pour le groupe 1 et 0,4° pour le groupe 2). En ce qui concerne les TVA thoraciques et lombaires et la hauteur, la différence maximale n'atteint pas 1 mm et la différence moyenne est très proche de zéro (entre 0,05 mm et 0,1 mm), quel que soit le groupe de patients choisi.

75

Tableau 4.2: Résultats de l'évaluation de la modélisation du positionnement postopératoire

Paramètres	Développement de la méthode (6 cas)			Évaluation de la méthode (9 cas)		
	Min.	Max.	Moy.	Min.	Max.	Moy.
Angle de Cobb (°)	0	0,7	0,2	0	1,1	0,4
TVA Thoracique (mm)	0	0,3	0,1	0	0,1	0,05
TVA Lombaire (mm)	0	0,1	0,05	0	0,1	0,05
Hauteur (mm)	0	0,5	0,1	0	0,1	0,05

4.2 Exploitation du modèle

4.2.1 Étude 1 : Influence de la réduction de la déformation pré-instrumentation

La réduction pré-instrumentation de la déformation scoliotique a une influence statistiquement significative sur plusieurs indices géométriques. Ainsi, quelle que soit la force appliquée (50 et 150N) pour effectuer la réduction de la déformation pré-instrumentation, celle-ci a une influence statistiquement significative (p<0,05) sur l'angle de Cobb, avec une réduction de 1,6° à 5,5° pour une force de 50N et de 4,3° à 9,6° pour une force de 150N. Ces forces de réduction ont aussi une influence statistiquement significative sur la cunéiformisation des disques (réduction de 0,3° à 3,2° pour une force de 50N et de 1,8° à 5,1° pour une force de 150N). Cependant, la réduction n'a pas d'influence statistiquement significative sur la lordose lombaire, avec une différence de 0,1° à 3°. Il n'y a pas non plus d'influence significative sur la cyphose thoracique dans la plupart des cas

76

(moins de 5°, sauf pour deux cas) ainsi que pour les contraintes dans les plaques de croissance (moins de 0,2MPa sauf pour un cas).

Le Tableau 4.3 donne les valeurs des facteurs p pour les différents tests de Student pairé réalisés et la variation moyenne de l'angle de Cobb, de la lordose lombaire, de la cyphose thoracique, de la cunéiformisation des disques et des contraintes dans les plaques de croissance lorsque les paramètres d'entrée varient.

Tableau 4.3: Facteur p des tests de Student pairé et variation de la correction pour l'étude de l'influence de la déformation pré-instrumentation

	Angle de Cobb (°)		Lordose lombaire (°)		Cyphose thoracique (°)		Cunéiformisation (°)		Contraintes (MPa)	
	Var.	p	Var.	p	Var.	p	Var.	p	Var.	p
50N	2,5	0,0067	0,1	0,2247	0,5	0,2273	2,3	0,1012	0,2	0,0560
150N	6,6	0,0027	0,2	0,1916	1	0,2689	4,2	0,0457	0,5	0,9133

4.2.2 Étude 2 : Influence de la réduction de la déformation pré-instrumentation, du matériau du câble et de la distance du câble par rapport aux corps vertébraux

Le matériau du câble a une influence significative sur les résultats uniquement sous sa forme quadratique sur l'angle de Cobb pour tous les patients, sur la lordose lombaire pour cinq patients sur six, sur la cyphose thoracique pour tous les patients, sur la cunéiformisation des disques intervertébraux pour quatre patients sur six et sur les contraintes dans les plaques de croissance pour quatre patients sur six. La forme linéaire n'a pas ou peu d'influence sur la réponse. Le matériau du câble fait varier, en moyenne, l'angle de Cobb de 8,2°, la lordose lombaire de 0,3°, la cyphose thoracique de 0,8°, la cunéiformisation des disques intervertébraux dans le plan frontal de 4,2° et les contraintes dans les plaques de croissance de 0,7 MPa.

La force appliquée sur le rachis a une influence significative sur l'angle de Cobb pour tous les patients, sur la lordose lombaire pour trois patients sur six, sur la cyphose

77

thoracique pour cinq patients sur six, sur la cunéiformisation des disques intervertébraux pour quatre patients sur six et sur les contraintes dans les plaques de croissance pour deux patients sur six. La force de réduction fait varier, en moyenne, l'angle de Cobb de 5,1°, la lordose lombaire de 0,3°, la cyphose thoracique de 0,9°, la cunéiformisation des disques intervertébraux dans le plan frontal de 2,2° et les contraintes dans les plaques de croissance de 0,5 MPa.

Le matériau du câble fait varier de façon plus importante la correction de la déformation que la force appliquée sur le rachis (8° vs. 5° en moyenne sur l'angle de Cobb).

D'après le plan d'expériences réalisé sur le premier patient, la distance des câbles par rapport aux corps vertébraux n'a pas d'influence significative sur l'angle de Cobb, la lordose lombaire, la cyphose thoracique, la cunéiformisation des disques intervertébraux dans la zone instrumentée ou les contraintes dans cette même zone.

L'ensemble des diagrammes de Pareto obtenus lors de cette étude sont présentés en Annexe B.

D'après les résultats obtenus des différentes stratégies de chirurgie, la stratégie qui permettrait une meilleure correction à court terme, mais également à long terme, en utilisant la modulation de croissance, serait une instrumentation avec des câbles en acier ou en Nitinol et une réduction de la déformation pré-instrumentation obtenue par l'application d'une force par le chirurgien sur le rachis comprise entre 50N et 100N.

4.2.3 Étude 3 : Influence de la tension initiale dans le câble dans le cas du polyéthylène

La tension initiale dans les câbles en polyéthylène a une influence statistiquement significative sur plusieurs indices géométriques. Ainsi, quelle que soit l'amplitude de la force appliquée (50N et 150N) pour effectuer la réduction de la déformation pré-instrumentation, la tension initiale dans le câble a une influence statistiquement significative (p<0,05) sur l'angle de Cobb. La différence d'angle de Cobb pour une chirurgie simulée va de 1,1° à 4,9° pour une force exercée par de 50N et de 1,7° à 5,4° pour une force de 150N. Pour la force de 50N, la tension initiale du câble a une influence statistiquement significative sur les contraintes internes dans les plaques de croissance, tandis que pour une force de réduction de 150N, la tension initiale dans le câble n'a pas d'influence statistiquement significative sur les contraintes dans les plaques de croissance. La différence de contraintes est de 0,1 à 0,8 MPa pour une force de réduction de 50N et de 0,01 à 0, 3 MPa pour une force de 150N. Cependant, la réduction n'a pas d'influence statistiquement significative sur la lordose lombaire, avec une différence de 0,1° à 0,8°. Il n'y a pas non plus d'influence significative sur la cyphose thoracique dans la plupart des cas (moins de 5°, sauf pour un cas) ainsi que pour la cunéiformisation des disques intervertébraux (moins de 1°, sauf pour un cas).

Le Tableau 4.4 donne les valeurs des facteurs p pour les différents tests de Student parié réalisés et la variation moyenne de l'angle de Cobb, de la lordose lombaire, de la cyphose thoracique, de la cunéiformisation des disques et des contraintes dans les plaques de croissance lorsque les paramètres d'entrée varient.

Tableau 4.4: Facteur p des tests de Student pairé et variation de la correction pour l'étude de l'influence de la tension initiale dans le câble en polyéthylène

	Angle de Cobb (°)		Lordose lombaire (°)		Cyphose thoracique (°)		Cunéiformisation (°)		Contraintes (MPa)	
	Var.	p	Var.	p	Var.	p	Var.	p	Var.	p
50N	3,8	0,0046	0,1	0.6357	0,3	0,2021	1,8	0,2717	0,5	0,0365
150N	4	0,0110	0,2	0,0920	0,3	0,1469	2,1	0,5668	0,2	0,1838

4.2.4 Étude 4 : Influence globale des différents paramètres d'étude

La force exercée par le chirurgien sur le rachis et le matériau ont rarement une influence statistiquement significative sur l'angle de Cobb (deux cas sur sept). La force exercée sur le rachis par le chirurgien et le matériau du câble ont par contre une influence statistiquement significative sur la cyphose lombaire et la cunéiformisation des disques intervertébraux dans le plan frontal. Néanmoins, la différence de cyphose thoracique est inférieure à 1° sauf pour un cas. Seul le matériau du câble a une influence statistiquement significative dans la majorité des cas sur la lordose lombaire, mais avec une différence inférieure à 1° sauf pour un cas. Le matériau du câble a également une influence statistiquement significative sur les contraintes dans la moitié des plaques de croissance étudiées, avec une différence toujours supérieure à 0,2MPa. La tension initiale dans le câble n'a d'influence statistiquement significative sur aucun indice clinique.

Le matériau du câble fait varier, en moyenne, l'angle de Cobb de 5,2°, la lordose lombaire de 0,3°, la cyphose thoracique de 0,6°, la cunéiformisation des disques intervertébraux dans le plan frontal de 3,5° et les contraintes dans les plaques de croissance de 0,4 MPa. La force de réduction fait varier, en moyenne, l'angle de Cobb de 4,5°, la lordose lombaire de 0,2°, la cyphose thoracique de 0,8°, la cunéiformisation des disques intervertébraux dans le plan frontal de 2,4° et les contraintes dans les plaques de croissance de 0,2 MPa.

L'ensemble des diagrammes de Pareto obtenus lors de cette étude sont donnés en Annexe C.

D'après les résultats obtenus des différentes stratégies de chirurgie, la stratégie qui permettrait une meilleure correction à court terme, mais également à long terme, en utilisant la modulation de croissance, serait une instrumentation avec des câbles en acier et une réduction de la déformation pré-instrumentation obtenue par l'application d'une force par le chirurgien sur le rachis comprise entre 50N et 150N.

CHAPITRE 5   DISCUSSION

Au cours de ce projet, un MÉF a été développé afin de simuler des chirurgies par abord antérieur du rachis scoliotique. L'unité fonctionnelle L1-L2 extraite de ce modèle a été évaluée par comparaison avec des tests mécaniques in-vitro en compression, torsion, inflexion latérale et flexion latérale. L'évaluation de la modélisation du positionnement per- et postopératoire a été faite par la comparaison de paramètres géométriques avec les radiographies de patients. À partir de ce modèle évalué, plusieurs études ont permis de déterminer l'influence de la réduction de la déformation sur la correction. Une exploitation du modèle en quatre temps a permis de déterminer l'influence de la réduction pré-instrumentation, du matériau du câble, de la distance du câble par rapport aux corps vertébraux et de la tension initiale du câble sur la correction.

Le modèle par éléments finis du rachis utilisé lors de ce projet de recherche est l'adaptation d'un modèle développé par Lalonde et coll., 2008, 2010 et 2010b. Ce modèle avait été développé afin de modéliser l'instrumentation par agrafes en alliage à mémoire de forme. Une première modélisation sur un patient de l'ensemble de l'instrumentation avait été faite (Lalonde et coll., 2008). Ce modèle avait, entre autre, pour objectif la quantification de la variation des contraintes dans les plaques de croissance avant et après chirurgie. A plus long terme, la croissance du rachis devait également être modélisée. C'est pourquoi le modèle avait été développé avec des éléments volumiques afin de représenter le détail géométrique des plaques de croissance. Au cours du projet ici discuté, il a été choisi d'utiliser ce modèle car la première étape de la chirurgie, consistant en la mise en position peropératoire du patient, était déjà modélisée et avait fait l'objet d'une première évaluation (Lalonde et coll. 2010). Pour l'étude de l'influence de la réduction pré-instrumentation, cette étape de modélisation est cruciale.

81

Cependant, le MEF développé par Lalonde et coll. 2010 nécessite beaucoup de temps de calcul. Ceci est attribuable à plusieurs détails de modélisation. Parmi ceux-ci, la modélisation des fibres de collagène représente 50% du temps de calcul. Ceci est imputable au fait que chaque fibre est modélisée par un élément poutre et que chaque élément de l'annulus contient quatre fibres. L'annulus est une des structures permettant la mobilité intervertébrale; il a donc été choisi d'utiliser un maillage fin pour l'annulus; le nombre d'éléments de l'annulus étant lié au nombre de fibres, ce choix de modélisation engendre un grand nombre de fibres. Afin d'analyser l'impact de la présence de ces fibres dans le modèle, une même chirurgie a été simulée avec et sans les fibres de collagènes contenues dans l'annulus sur les six premiers patients du Tableau 3.4 (voir section 3.2.1). La correction, si les fibres sont absentes, est toujours supérieure à la correction lorsque les fibres sont présentes, en moyenne de 3,2° pour l'angle de Cobb, de 1,1° pour la lordose lombaire, de 1,2° pour la cyphose thoracique, de 2° pour la cunéiformisation des disques intervertébraux et inférieure en moyenne de 0,1 MPa pour les contraintes dans les plaques de croissance. L'absence de fibres de collagène contenues dans l'annulus augmente donc la correction des chirurgies simulées. Bien que l'augmentation semble faible (3,2° sur l'angle de Cobb), par rapport à la précision de mesure de l'angle de Cobb de 5° admis en clinique, cette augmentation est importante par rapport à la correction moyenne engendrée par des instrumentations sans fusion (de 1° à 11° sur l'angle de Cobb). Le temps de calcul de la simulation complète de l'instrumentation est 12h au maximum en conservant les fibres de collagène. Ce temps peut sembler long, mais il reste raisonnable pour une simulation non utilisée en clinique et pour un code non parallélisé. La variation de la correction imputable à l'absence des fibres de collagène étant importante relativement à la correction engendrée par les implants sans fusion, et le temps de calcul (12h au maximum) restant raisonnable pour un modèle utilisé en recherche, il a été choisi de conserver les fibres de collagène dans le modèle au cours de ce projet. Dans une perspective à plus long terme, et pour traiter d'autres types de montage, il serait nécessaire de travailler cette modélisation fine des fibres de collagène, soit par une plus grande parallélisation du code, soit par une approche mécanique de type micro/macro.

82

Le modèle utilisé au cours cette étude ne comprend que les parties antérieures, la chirurgie simulée étant une chirurgie par abord antérieur (sans modification des parties postérieures du rachis). Cependant, les parties postérieures, même si elles ne sont pas instrumentées, jouent un rôle essentiel dans la mobilité intervertébrale. Afin d'analyser l'impact de l'absence des parties postérieures dans le modèle, une même chirurgie a été simulée avec et sans les parties postérieures pour le premier patient du Tableau 3.4 (voir section 3.2.1). Les parties postérieures ont été représentées par un modèle poutre identique à celui utilisé dans l'étude d'Aubin et coll. 1995. La correction si les parties postérieures sont présentes est inférieure à la correction lorsque les parties postérieures sont absentes, à savoir de 1° pour l'angle de Cobb, de 0,5° pour la lordose lombaire, de 0,7° pour la cyphose thoracique, de 0,3° pour la cunéiformisation des disques intervertébraux dans le plan frontal et supérieure de 0,05 MPa pour les contraintes dans les plaques de croissance. L'absence des parties postérieures est donc acceptable dans le cadre de l'étude. Néanmoins, l'ajout des parties postérieures pourrait être envisagé si le modèle était raffiné pour la modélisation d'autres types de chirurgie dans lesquelles l'ablation de parties postérieures serait faite.

Dans le modèle développé par Lalonde et coll. 2008, les agrafes en alliage à mémoire de forme étaient finement représentées. Leur géométrie s'approchait au mieux de leur forme réelle. Dans le cadre de ce projet, il a été décidé de paramétrer la modélisation de ces implants sans fusion, pour permettre une modification rapide et simple des caractéristiques de l'instrumentation. Cette modélisation schématique pourrait être assimilée à différents implants sans fusion testés sur des animaux (Braun et coll., 2005, Braun et coll., 2006, Braun et coll., 2006b, Braun et coll., 2006c, Hunt et coll., 2010, Newton et coll., 2005, Newton et coll., 2008, Newton et coll., 2008b, Schmid et coll., 2008, Shillington et coll., 2011, Trobish et coll., 2011 et Wall et coll., 2005) ou sur l'homme (Betz et coll., 2003, Betz et coll., 2005, Betz et coll., 2010 et Stücker, 2009) ou à une instrumentation par tige et vis (Tis et coll. 2010). Les éléments de liaison représenteraient alors la patte d'une agrafe ou l'ancrage d'un câble ou d'une tige et le câble, un câble ou une tige ou le corps d'une agrafe en alliage à mémoire de forme. C'est le contrôle par les

83

implants des degrés de liberté entre vertèbres qui est modélisé. Modifier le matériau du câble modifie ce contrôle. En outre, les éléments liens sont attachés à la surface des corps vertébraux; la modélisation des implants dans ce projet ne permet donc pas d'étudier l'impact d'une insertion des vis ou ancres ou pattes d'agrafe dans le corps vertébral. Enfin, l'absence de la modélisation fine de la géométrie des implants limite la comparaison des différents types d'implant. En effet, la géométrie d'un implant peut modifier son mode d'action sur la correction. Ainsi, dans le cadre de cette étude, les implants sont davantage semblables à des implants du type ancre et vis.

Au cours de ce projet, la validation du modèle a été un point délicat. Seule une évaluation du comportement mécanique du modèle et de la modélisation du positionnement a pu être entreprise. Ceci est dû au fait qu'aucun résultat de chirurgie par abord antérieur n'a pu être utilisé, le comité éthique de la recherche du CHU Sainte-Justine n'ayant pas autorisé l'utilisation de données complètes de patients déjà instrumentés. Il a été possible néanmoins d'effectuer certaines comparaisons avec des données de la littérature uniquement sur la correction de l'angle de Cobb immédiatement après instrumentation (Betz et coll., 2003, Betz et coll., 2010 et Stücker, 2009). D'après ces études, la réduction immédiate de l'angle de Cobb va de 1° à 10° avec une moyenne de 6,4°. Dans le modèle utilisé dans ce projet, les agrafes en alliage à mémoire de forme n'ont pas été explicitement simulées. Cependant, ce type d'implant pourrait être comparé au modèle de câble en Nitinol utilisé lors de cette étude du fait des caractéristiques de ce matériau, même si l'ancrage de l'implant est différent. Pour ce type de câble, les résultats de simulation varient de 1° à 11° avec une moyenne de 6,2°. La modélisation de chirurgie développée lors de cette étude permet donc de simuler la correction globale dans le plan coronal de façon satisfaisante. En revanche, il n'est pas possible de statuer sur le comportement dans les autres plans et au niveau local à partir des études de Betz et coll., 2003, Betz et coll., 2010 et Stücker, 2009, car elles ne fournissent pas d'informations dans ces plans.

L'évaluation des propriétés mécaniques des différentes structures du modèle démontre que le comportement mécanique du rachis est simulé de façon acceptable. En effet, dans cette étude, la différence maximale d'inclinaison ou de déplacement entre le modèle et les tests expérimentaux ayant servi de référence est de 1,1° ou de 0,25 mm respectivement. Cependant, l'étude de sensibilité du modèle vis-à-vis des propriétés mécaniques a révélé que les propriétés mécaniques de l'annulus ont une influence significative sur les simulations d'instrumentation avec un effet sur l'angle de Cobb de plus de 5°. Le choix des propriétés mécaniques de l'annulus a donc une importance cruciale sur les résultats obtenus, alors que les autres paramètres ont révélé avoir des effets marginaux. Les propriétés mécaniques des structures dans le modèle n'ayant pu être calibrées pour chaque patient testé, toutes les études ont été menées sur la variation de la déformation avant et après la simulation de la chirurgie.

L'objectif de ce projet étant l'analyse de l'influence de la réduction pré-instrumentation sur la correction, la simulation du positionnement du patient en per- et postopératoire sont des étapes importante de la modélisation. Afin de s'assurer de la justesse de la simulation du positionnement peropératoire, cette simulation a été réalisée sur neuf patients de plus que dans l'étude de Lalonde et coll., 2010. La simulation du positionnement peropératoire du patient est à l'intérieur d'un corridor de valeurs acceptables [angle de Cobb (inférieure à 5° sauf pour un cas), TVA thoracique (inférieure à 3 mm sauf pour deux cas), TVA lombaire (inférieure à 3 mm pour tous les cas) et hauteur (inférieure à 5 mm sauf pour deux cas)] pour cette étude, les différences étant faibles par rapport aux corrections obtenues dans le modèle. De même, la simulation du retour en position debout en postopératoire immédiate est acceptable, la différence maximale étant de 1,1° pour l'angle de Cobb, de 0,3 mm sur la TVA thoracique, de 0,1 mm sur la TVA lombaire et de 0,1 mm sur la hauteur. Il est rappelé que la précision des mesures en clinique est de 5° sur l'angle de Cobb.

85

Au cours de ce projet, seuls six patients ont servi à l'exploitation du modèle, ce qui est très faible pour généraliser les résultats. Ce nombre réduit de patients s'explique par le fait qu'il a été choisi des patients ayant subi une chirurgie par abord antérieur classique (comme utilisés par Tis et coll. 2010). Comme rappelé précédemment, aucun patient ayant déjà été instrumenté par des implants sans fusion ne pouvait être utilisé dans cette étude. Cependant, les patients du projet ont été soigneusement choisis afin de présenter différents cas classiques de scoliose. Leurs scolioses étaient de type 1AN, 2AN ou 5CN d'après la classification de Lenke. L'angle de Cobb de la courbure principale allait de 25° à 58° et ces patients avaient été instrumentés de T5 à L3. De plus, il est constaté que suivant le patient, l'influence des paramètres d'instrumentation sur la correction est en général semblable. La variabilité des résultats due aux patients est faible dans ce projet. Cette première étude reste acceptable afin d'analyser l'influence des paramètres d'instrumentation sur la correction.

En complément des résultats statistiques obtenus lors de ce projet, il est nécessaire de se demander si ces résultats ont une significativité clinique. Dans toutes les études reliées à l'exploitation du modèle, la lordose lombaire et la cyphose thoracique ont varié de moins de 5° lors des simulations des différents paramètres de l'intervention, ce qui est cliniquement non significatif. L'influence des différents paramètres d'instrumentation sur la lordose lombaire et la cyphose thoracique est donc négligeable, malgré les résultats statistiques présentés dans cette étude. Ceci n'est pas surprenant, l'instrumentation simulée ajoutant des moments uniquement dans le plan coronal. L'angle de Cobb et la cunéiformisation des disques intervertébraux ont varié dans la majorité des cas de plus de 5° et les contraintes dans les plaques de croissance de plus de 0,2 MPa. Les résultats sur ces paramètres sont donc cliniquement significatifs.

D'après les résultats de l'étude 2, il est constaté que la correction engendrée par des câbles en acier et des câbles en Nitinol sont quasiment identiques (différence inférieure à 2° sur l'angle de Cobb, à 1° sur la lordose lombaire et la cyphose thoracique, à 2° sur les cunéiformisations des disques intervertébraux dans le plan frontal et à 0,1MPa pour les contraintes dans les plaques de croissance). Il est à noter cependant que le Nitinol a été modélisé comme un matériau élastique linéaire car il se déforme faiblement au cours de l'instrumentation; la zone dans laquelle son comportement est superélastique n'est pas atteinte. La variation de correction pour un câble en Nitinol ou en acier sera visible avec le temps parce que le Nitinol se déformera plus avec les mouvements et la croissance du patient. Finalement, l'étude 4 ne porte que sur la comparaison de deux types de matériau : l'acier et le polyéthylène.

La modélisation de l'influence de la force de réduction a varié suivant les études, afin de s'adapter à la problématique du projet. Dans l'étude 2, un modèle quadratique est utilisé, alors que le modèle est linéaire dans l'étude 4. Dans l'étude 2, trois types de matériau du câble sont étudiés et la force de réduction peut prendre trois valeurs afin d'analyser l'influence d'une force intermédiaire sur la correction. L'analyse de ces deux paramètres a donc nécessité l'utilisation d'un modèle quadratique. Dans l'étude 4, le type de matériau est réduit à deux possibilités d'après les résultats de l'étude 2 et le nombre de paramètres d'étude augmente. Il a ainsi été choisi dans cette étude d'utiliser un modèle linéaire également pour la force de réduction afin de diminuer le nombre d'expériences et d'avoir un modèle linéaire pour tous les paramètres. Néanmoins, il a été constaté que l'utilisation d'un modèle moins précis (à savoir linéaire) pour la force de réduction a engendré des incohérences statistiques. En effet, cette force a une influence statistiquement significative sur l'angle de Cobb pour cinq cas sur sept dans l'étude 2 alors qu'elle a une influence statistiquement significative pour deux cas sur sept dans l'étude 4. Afin de déterminer le modèle statistique le plus adéquat, le coefficient R^2 a été calculé. R^2 est toujours supérieur à 0,90 pour l'effet de la force de réduction sur l'angle de Cobb dans le cas d'un modèle quadratique alors qu'il est compris entre 0,40 et 0,70 dans le cas d'un modèle linéaire. Finalement, le modèle quadratique permet de mieux expliquer l'effet de la force de réduction sur l'angle de Cobb.

La variation de la tension initiale dans le câble (étude 2) a une influence statistiquement significative sur les contraintes dans les plaques de croissance uniquement si la réduction pré-instrumentation est faible. Ceci est dû au fait que lorsque la réduction pré-instrumentation est grande, la variation de la tension initiale dans le câble ne permet pas de modifier assez les contraintes dans les plaques de croissance pour que la correction varie. En revanche, si la réduction pré-instrumentation est faible, la variation de la tension initiale dans le câble permet de modifier assez les contraintes dans les plaques de croissance pour faire varier la correction. Lors d'une instrumentation par des implants sans fusion du rachis scoliotique, le chirurgien devra donc faire attention à la tension qu'il met dans le câble uniquement lorsqu'il ne lui est pas possible de réduire fortement la déformation pré-instrumentation. Si, au contraire, le chirurgien a la possibilité de réduire fortement la déformation pré-instrumentation, la tension initiale du câble n'a alors plus d'importance.

D'après les résultats des études 1 et 3, la réduction pré-instrumentation et la tension initiale dans le câble n'ont une influence statistiquement significative que sur l'angle de Cobb. Ceci peut s'expliquer par le fait que les implants sont insérés dans le plan coronal local des vertèbres. Les études expérimentales sur des animaux avec des dispositifs sans fusion en compression ont également rapporté une correction ou une déformation du rachis presqu'uniquement dans le plan frontal (Driscoll et coll., 2011, Newton et coll., 2005 et Wall et coll., 2005). Décaler les câbles par rapport au plan coronal local des vertèbres pourrait engendrer une modification de la géométrie du rachis dans les plans sagittal et transverse. L'hypothèse de recherche est donc partiellement validée, l'influence de la réduction pré-instrumentation étant uniquement sur la correction dans le plan frontal.

88

CONCLUSION ET RECOMMANDATIONS

L'hypothèse de recherche de ce projet était que la réduction pré-instrumentation de la déformation scoliotique a une influence cliniquement et statistiquement significative ($p<0,05$) sur la correction dans les plans frontal et sagittal du rachis scoliotique lors d'une instrumentation antérieure. La correction est caractérisée par l'angle de Cobb de la courbure principale dans le plan frontal, la mesure de la lordose lombaire et de la cyphose thoracique dans le plan sagittal, la cunéiformisation des disques intervertébraux de la zone instrumentée dans le plan frontal et l'asymétrie des contraintes dans les plaques de croissance de la zone instrumentée. L'implant choisi dans cette étude représente les implants pouvant être utilisés lors de chirurgies antérieures du rachis scoliotique : des implants sans fusion (principalement de type ancres et câble) ou des tiges et vis. Ces implants ont été représentés par des câbles accrochés aux corps vertébraux par des liens rigides.

Afin de répondre à cette hypothèse, un modèle éléments finis du rachis a été adapté, permettant de simuler les différentes étapes d'une chirurgie antérieure du rachis scoliotique. Cette simulation permet de représenter le rachis avant la chirurgie, la mise en position peropératoire du patient en décubitus latéral, la réalisation des différentes manœuvres chirurgicales (i.e. l'insertion des implants, l'application d'une force par le chirurgien sur le rachis et la mise en place du câble) et le retour en position debout après la chirurgie. La réponse du modèle à des sollicitations mécaniques a été comparée à des essais mécaniques in-vitro réalisés sur des unités fonctionnelles de rachis cadavérique afin d'évaluer le comportement mécanique du modèle. Une étude de sensibilité du modèle vis-à-vis des propriétés mécaniques des parties le constituant a également été réalisée. Ensuite, la modélisation du positionnement a été évaluée en comparant les résultats de simulation à des mesures de paramètres géométriques sur des radiographies de patients positionnés en décubitus latéral ou debout. Enfin, quatre études ont été entreprises afin de déterminer l'influence de la réduction de la déformation scoliotique pré-instrumentation sur la correction dans les plans sagittal et frontal du rachis par rapport à d'autres paramètres de chirurgies.

L'exploitation du modèle permet les conclusions suivantes. La réduction de la déformation scoliotique pré-instrumentation a une influence cliniquement et statistiquement significative sur la correction dans le plan frontal. Elle n'influe pas, par contre, sur la lordose lombaire ou la cyphose thoracique. Cette réduction a une influence statistiquement et cliniquement significative sur l'asymétrie des contraintes induites dans les plaques de croissance. La réduction pré-instrumentation n'est pas le paramètre ayant le plus d'influence sur la correction, qui est plutôt le matériau du câble. L'hypothèse de recherche est donc partiellement confirmée, l'influence de la réduction pré-instrumentation étant principalement dans le plan frontal.

Ce projet de recherche a permis d'étudier l'influence des paramètres d'une chirurgie antérieure du rachis scoliotique sur la correction dans les plans frontal et sagittal. Il se place dans la continuité des études sur de nouveaux dispositifs de chirurgie par abord antérieur. Les résultats de ce projet vont permettre d'orienter les recherches et l'amélioration du design de ces dispositifs par rapport aux paramètres ayant de l'influence sur la correction.

D'après ces résultats, il est possible de faire les recommandations suivantes :

- Lors d'une instrumentation antérieure, le paramètre important est avant tout le type de matériau. Un matériau plus rigide permet de meilleures corrections. La réduction pré-instrumentation de la déformation scoliotique est un paramètre pouvant améliorer la correction. Cette réduction ne doit pas nécessairement être maximale pour permettre la meilleure correction.

- Lorsque le matériau est assez rigide, la tension dans le câble n'est pas un paramètre dont il faut tenir compte. De même, la distance du câble par rapport aux corps vertébraux n'a pas d'influence significative sur la correction. Il n'est, en outre, pas nécessaire d'obtenir une correction immédiate parfaite, car une instrumentation antérieure permet de corriger l'asymétrie des contraintes dans les plaques de croissance, ce qui permet une correction par modulation de croissance à long terme.

- Par contre, étant donné que les implants étaient insérés dans le plan coronal local des vertèbres, la correction obtenue était uniquement dans ce plan. Le décalage des implants par rapport au plan frontal pourrait être une solution afin d'obtenir une correction dans les deux autres plans.

Ce projet de recherche pourrait être prolongé afin de déterminer plus précisément la modification de la répartition des contraintes internes dans les plaques de croissance en analysant la variation des contraintes dans plusieurs zones des plaques de croissance au lieu de globaliser cette variation par une unique variable *Contrainte*. Le MEF pourrait également être affiné afin de tenir compte de la forme de chaque implant (agrafes, micro-agrafes, agrafes vissées, …). Ceci permettrait d'ajouter l'étude de l'influence de ce design sur la correction. D'ailleurs, la suite de ce projet pourrait être l'ajout de paramètre d'étude d'après les dispositifs par abord antérieur en cours de développement, comme le décalage de l'implant par rapport au plan coronal local des vertèbres ou l'insertion de deux implants par vertèbre. Le nombre de niveaux instrumentés pourrait aussi faire l'objet d'une nouvelle étude. Après tous ces ajouts dans le projet, le modèle développé pourrait également permettre d'implémenter un algorithme d'optimisation afin d'obtenir pour chaque patient la stratégie de chirurgie permettant la meilleure correction. Cette optimisation pourrait devenir un outil d'aide à la décision pour un chirurgien voulant réaliser une chirurgie par abord antérieur classique ou sans fusion du rachis scoliotique lorsque de telles chirurgies seront autorisées sur l'homme. L'étude sur d'autres types de courbure serait aussi nécessaire pour analyser l'impact du type de courbure sur la correction afin, éventuellement, de spécifier la meilleure stratégie chirurgicale suivant le type de courbure.

RÉFÉRENCES

Akyuz E, Brodke DS, Bachus KN, Braun JT, Ogilvie JW. (2006). Creation of an Experimental Idiopathic-Type Scoliosis in an Immature Goat Model Using a Flexible Posterior Asymmetric Tether. *Spine, Vol. 31(13),* pp. 1410-1414.

Arjmand N, Shirazi-Ald A. (2006). Model and in vivo studies on human trunk load partitioning and stability in isometric forward flexions. *Journal of biomechanics, Vol. 39,* pp. 510-21.

Arjmand N, Shirazi-Ald A, Parnianpour M. (2008). Relative efficiency of abdominal muscles in spine stability. *Computer methods in biomechanics and biomedical engineering, Vol. 11 (3),* pp. 291-9.

Asher MA. (2003). Basic principles of deformity correction. *Spinal deformities: the comprehensive text,* pp. 578-587.

Aubin CE, Descrimes JL, Dansereau J, Skalli W, Lavaste F, Labelle H. (1995). Geometrical modeling of the spine and the thorax for the biomechanical analysis of scoliotic deformities using finite element method. *Ann Chir, Vol. 49,* pp. 749-61.

Aubin CE, Côté M, Descrimes JL, Dansereau J, Labelle H. (1996). Personalized evaluation and simulation of orthotic treatment for scoliosis. *Orthop Trans, Vol. 19,* pp. 645-6.

Aubin CE, Dansereau J, Parent F, Labelle H, de Guise JA. (1997). Morphometric evaluations of personalised 3D reconstructions and geometric models of the human spine. *Medical and biological engineering and computing, Vol. 35,* pp. 611-8.

Beckstein, JC, Sen, S, Schaer, TP, Vresilovic, EJ, Elliott, D.M. (2008). Comparison of animal discs used in disc research to human lumbar disc. *Spine, Vol. 33 (6),* pp. E166-E173.

Benameur S, Mignotte M, Parent S, Labelle H, Skalli W, de Guise JA. (2002). 3D biplanar statistical reconstruction of scoliotic vertebrae. *Research into spinal deformities,* pp. 281-5.

Benameur S, Mignotte M, Parent S, Labelle H, Skalli W, de Guise JA. (2003). 3D/2D registration and segmentation of scoliotic vertebrae using statistical models. *Computerized medical imaging and graphics, Vol. 27,* pp. 321-37.

Betz RR, Kim J, D'Andrea LP, Mulcahey MJ, Balsara KB, Clements DH. (2003). An innovative Technique of Vertebral Body Stapling for the Treatment of Patients With Adolescent Idiopathic Scoliosis: A Feasibility, Safety and Utility Study. *Spine, Vol. 28(20),* pp. S255-S265.

Betz RR, D'Andrea LP, Mulcahey MJ, Chafetz RS. (2005). Vertebral Body Stapling Procedure for the Treatment of Scoliosis in the Growing Child. *Clinical Orthopaedics and Related Research, Vol. 434,* pp. 55-60.

Betz RR, Ranade A, Samdani AF, Chfetz R, D'Andrea LP, Gaughan JP, Asghar J, Grewal H, Mulcahey MJ. (2010). Vertebral Body Stapling. *Spine, Vol. 35(2),* pp. 169-176.

Braun JT, Ogilvie JW, Akyuz E, Brodke DS, Bachus KN. (2004). Fusionless Scoliosis Correction Using a Shape Memory Alloy Staple in the Anterior Thoracic Spine of the Immature Goat. *Spine, Vol. 29(18),* pp. 1980-1989.

Braun JT, Akyuz E, Ogilvie JW, Bachus KN. (2005). The Efficacy and Integrity of Shape Memory Alloy Staples and Bone Anchors with Ligament Tethers in the Fusionless Treatment of Experimental Scoliosis. *JBJS, Vol. 87,* pp. 2038-2051.

Braun JT, Hines JL, Akyuz E, Cristianna V, Ogilvie JW. (2006). Relative Versus Absolute Modulations of Growth in the Fusionless Treatment of Experimental Scoliosis. *Spine, Vol. 31(16),* pp. 1776-1782.

93

Braun JT, Hoffman M, Akyuz E, Ogilvie JW, Brodke DS, Bachus KN. (2006b). Mechanical Modulation of Vertebral Growth in the Fusionless Treatment of Progressive Scoliosis in an Experimental Model. *Spine, Vol. 31(12)*, pp. 1314-1320.

Braun JT, Akyuz E, Udall H, Ogilvie JW, Brodke DS, Bachus KN. (2006c). Three-Dimensional Analysis of 2 Fusionless Scoliosis Treatments: A Flexible Ligament Tether Versus a Rigid-Shape Memory Alloy Staple. *Spine, Vol. 31(3)*, pp. 262-268.

Carrier J, Aubin CE, Villemure I, Labelle H. (2004). Biomechanical modelling of growth modulation following rib shortening or lengthening in adolescent idiopathic scoliosis. *Medical and biological engineering and computing, Vol. 42*, pp. 511-48.

Carrier J, Aubin CE, Trochu F, Labelle H. (2005). Optimization of rib surgery parameters for the correction of scoliotic deformities using approximation models. *Journal of bionechanical engineering, Vol. 127*, pp. 680-91.

Castaing J, Santini JJ. (1996). Anatomie fonctionnelle de l'appareil locomoteur. 7 le rachis. *Vigot. 2-7114-0776-4.*

Cheriet F, Remaki L, Bellefleur C, Koller A, Labelle H, Dansereau J. (2002). A new X-ray calibration / reconstruction system for 3D clinical assesment of spinal deformities., *Research into spinal deformities, Vol. 91*, pp. 257-61.

Cheriet F, Laporte C, Kadoury S, Labelle H, Dansereau J. (2007). A novel system for the 3D-reconstruction of the human spine and rib cage from biplanar X-ray images. *IEEE transactions on biomedical engineering, Vol. 54 (7)*, pp. 1356-8.

Clin J, Aubin CE, Parent S, Ronsky J, Labelle H. (2006). Biomechanical modeling of brace design. *Stud Health Technol Inform., Vol. 123*, pp. 255-260.

Clin J, Aubin CE, Labelle H. (2007). Virtual prototyping of a brace design for the correction of scoliotic deformities. *Med Bio Eng Comput, Vol. 45*, pp. 467-73.

Clin J, Aubin CE, Lalonde N, Parent S, Labelle H. (2011). A new method to include the gravitational forces in a finite element model of the scoliotic spine. *Med Biol Eng Comput, Vol. 49,* pp. 967-977.

Clough M, Justice CM, Marosy B, Miller NH. (2010). Males with familial idiopathic scoliosis: a distinct phenotypic subgroup. *Spine, Vol. 35 (2),* pp. 162-8.

Cobb JR. (1960). The problem of the primary curve. *J Bone Joint Surg Am., Vol. 42A,* pp. 1413-1425.

Dansereau J, Chabot A, Huynh NT, Labelle H, de Guise JA. (1995). 3-D reconstruction of vertebral endplate wedging. *Three-dimensional Anal Spinal Deform, Vol. 15,* pp. 69-73.

Day G, Frawley K, Phillips G, McPhee IB, Labrom R, Askin G, Mueller P. (2008). The vertebral body growth plate in scoliosis: a primary disturbance of growth? *Scoliosis, Vol. 3.*

Delorme S, Labelle H, Poitras B, Rivard CH, Coillard C, Dansereau J. (2000). Pre-, intra-, and postoperative three-dimensional evaluation of adolescent idiopathic scoliosis. *J Spinal Disord, Vol. 13(2),* pp. 93-101.

Delorme S, Petit Y, de Guise JA, Labelle H, Aubin CE, Dansereau J. (2003) Assesment of the 3D- reconstruction and high-resolution geometrical modeling of the human skeletal trunk from 2-D radiographic images. *IEEE transactions on biomedical engineering, Vol. 50 (8),* pp. 989-98.

Deschênes S., Charron G., Beaudoin G., Labelle H., Dubois J., Miron MC., Parent S. (2010). Diagnostic imaging of spinal deformities : reducing patients radiation dose with a new slot-scanning X-Ray imager. *Spine, Vol. 35(9),* pp. 989-994.

Descrimes JL, Aubin CE, Skalli W, Zeller R, Dansereau J, Lavaste F. (1995). Introduction des facettes articulaires dans une modélisation par éléments finis de la colonne vertébrale et du thorax scoliotique : aspects mécaniques. *Rachis, Vol. 7,* pp. 749-61.

Dickson RA and Weinstein SL. (1999). Bracing (and screening)--yes or no? *J.Bone Joint Surg.Br.* , *Vol. 81*, pp. 193-198.

Dimeglio A, Bonnel F. (1990). Le rachis en croissance scoliose, taille assise et puberté. *Paris, New-York : Springer-Verlag*, 453p.

Doménech J, Tormos JM, Barrios C, Pascual-Leone A. (2010). Motor cortical hyperexcitability in idiopathic scoliosis: could focal dystonia be a subclinical etiological factor? *European spine, Vol. 19 (2)*, pp. 223-30.

Drevelle X, Dubousset J, Lafon Y, Ebermeyer E, Skalli W. (2008). Analysis of the mechanisms of idiopathic scoliosis progression using finite element simulation. *Research into spinal deformities*, pp. 85-89.

Drevelle X, Lafon Y, Ebermeyer E, Courtois I, Dubousset J, Skalli W. (2010). Analysis of idiopathic scoliosis progression by using numerical simulation. *Spine, Vol. 35 (10)*, pp. E407-12.

Driscoll M, Aubin CE, Moreau A, Villemure I, Parent S. (2009).The role of spinal concave-convex biases in the progression of idiopathic scoliosis. *European spine journal, Vol.18*, pp. 180-187.

Driscoll M, Aubin CE, Moreau A, Wakula Y, Sarwack JF, Parent S. (2012). Spinal growth modulation using a novel intervertebral epiphyseal device in an immature porcine model. *Eur. Spine J., Vol. 21(1)*, pp.138-44.

Dubousset J, Machida M. (2001). Rôle possible de la glande pinéale dans la pathogenèse de la scoliose idiopathique. Études expériemntales et cliniques. *Bulletin de l'Académie nationale de médecine, Vol. 185(3)*, pp. 593-602.

Dubousset J, Charpak G, Dorion I, Skalli W, Lavaste F, Deguise J, Kalifa G, Ferey S. (2005). Une nouvelle imagerie Ostéo-articulaire basse dose en position debout : le système EOS. *Bulletin de l'académie nationale de médecine, Vol. 189 (2)*, pp. 287-300.

96

Duke K, Aubin CE, Dansereau J, Labelle H. (2005). Biomechanical simulations of scoliotic spine correction due to prone position and anaesttesia prior to surgical instrumentation. *Clinical biomechanics, Vol. 20*, pp. 923-31.

Duke K, Aubin CE, Dansereau J, Labelle H. (2008). Computer simulation for the optimization of patient positioning in spinal deformity instrumentation surgery. *Med Bio Eng Comput, Vol. 46*, pp. 33-41.

Dumas R, Lafage V, Lafon Y, Steib JP, Mitton D, Skalli W. (2005). Finite element simulation of spinal deformities correction by in situ contouring technique. *Computer methods in biomechanics and biomedical engineering, Vol. 8 (5)*, pp. 331-7.

Dumas R, Blanchard B, Carlier R, Garreau de Loubresse, Le Huec JC, Marty C, Moinard M, Vital JM. (2008). A semi-automated method using interpolation and optimisation for the 3D reconstruction of the spine from bi-planar radiography: a precision and accuracy study. *Med Bio Eng Comput, Vol. 46*, pp. 85-92.

Fagan AB, Kennaway DJ, Oakley AP. (2009). Pinealectomy in the chicken: a good model of scoliosis? *European spine journal, Vol. 18 (8)*, pp. 1154-9.

Fujii T, Takai S, Arai Y, Kim W, Amiel D, Hirasawa Y. (2000) Microstructural properties of the distal growth plate of the rabbit radius and ulna: biomechanical, biochemical, and morphological studies. *Journal of orthopaedic research, Vol. 18 (1)*, pp. 87-93.

Garceau P, Beauséjour M, Cheriet F, Labelle H, Aubin CE. (2002). Investigation of muscle recruitment patterns in scoliosis using a biomechanical finite element model. *Research into spinal deformities*, pp. 331-35.

Gignac D, Aubin CE, Dansereau J, Labelle H. (2000). Optimization method for 3D bracing correction of scoliosis using finite element model. *European spine journal, Vol. 9*, pp. 185-90.

Gille O, Campain N, Benchikh-El-Fegoun A, Vital JM, Skalli W. (2007). Reliability of 3D reconstruction of the spine of mild scoliotic patients. *Spine, Vol. 32 (5)*, pp. 568-73.

Goel, VK, Kong, W, Han, JS, Weinstein, JN et Gilbertson, LG (1993). A combined finite element and optimization investigation of lumbar spine mechanics with and without muscles. *Spine, Vol. 18 (11)*, pp. 1531-1541.

Goel VK, Panjabi MM, Patwardhan AG, Dooris AP, Serhan H. (2006). Test protocols for evaluation of spinal implants. *The journal of bone and joint surgery*, pp. 103-9.

Gréalou L, Aubin CE, Labelle H. (2002). Rib cage surgery for the treatment of scoliosis: a biomechanical study of correction mechanisms. *Journal of orthopaedic research, Vol. 20*, pp. 1121-8.

Gurnett CA, Alaee F, Bowcock A, Kruse L, Lenke LG, Bridwell KH, Kuklo T, Luhmann SJ, Dobbs MB. (2009). Genetic linkage localizes an adolescent idiopathic scoliosis and pectus excavatum gene to chromosome 18 q. *Spine, Vol. 34(2)*, pp. E94-100.

Hunt KJ, Braun JT, Christensen BA. (2010). The Effect of Two Clinically Relevant Fusionless Scoliosis Implant Strategies on the Health of the Intervertebral Disc. *Spine, Vol. 35(4)*, pp. 371-377.

Huynh AM, Aubin CE, Mathieu PA, Labelle H. (2007). Simulation of progressive spinal deformities in Duchenne muscular dystrophy using a biomechanical model integrating muscles and vertebral growth modulation. *Clinical biomechanics, Vol. 22*, pp. 392-9.

Huynh AM, Aubin CE, Rajwani T, Bagnall KM, Villemure I. (2007b). Pedicle growth asymmetry as a cause of adolescent idiopathic scoliosis: a biomechanical study. *European spine journal, Vol. 16*, pp. 523-9.

Kadoury S, Cheriet F, Dansereau J, Labelle H. (2007). Three-Dimensional reconstruction of the scoliotic spine and pelvis from uncalibrated biplanar x-ray images. *J Spinal Disord Tech, Vol. 20*, pp. 160-7.

Kadoury S, Cheriet F, Laporte C, Labelle H. (2007b). A versatile 3D reconstruction system of the spine and pelvis for clinical assessment of spinal deformities. *Med Bio Eng Comput, Vol. 45,* pp. 591-602.

Kadoury S, Cheriet F, Labelle H. (2010). Self-calibration of biplanar radiographic images through geometric spine shape descriptors. *IEEE transactions on biomedical engineering, Vol. 57(7),* pp. 1663-1675.

Kane WJ and Moe JH. (1970). A scolisis-prevalence survey in Minnesota. *Clin.Orthop., Vol. 69,* pp. 216-218.

Labelle H, Dansereau J, Bellefleur C, Jéquier JC. (1995). Variability of geometric measurements from three-dimensional reconstructions of scoliotic spines and rib cages. *European spine journal, Vol. 4,* pp. 88-94.

Lafage V, Dubousset J, Lavaste F, Skalli W. (2002). Finite element simulation of various strategies for CD correction. *Research into spinal deformities,* pp. 428-32.

Lafage V, Leborgne P, Mitulescu A, Dubousset J, Lavaste F, Skalli W. (2002b). Comparison of mechanical behaviour of normal and scoliotic vertebral segment: a preliminary numerical approach. *Research into spinal deformities,* pp. 340-4.

Lafon Y, Lafage V, Dubousset J, Skalli W. (2009). Intraoperative three-dimensional correction during rod rotation technique. *Spine, Vol. 34 (5),* pp. 512-9.

Lafon Y, Steib JP, Skalli W. (2010). Intraoperative three dimensional correction during in situ contouring surgery by using a numerical model. *Spine, Vol. 35 (4),* pp. 453-9.

Lafortune P, Aubin CE, Boulanger H, Villemure I, Bagnall KM, Moreau A. (2007). Biomechanical simulations of the scoliotic deformation process in the pinealectomized chicken: a preliminary study. *Spine, Vol.32,* pp. 2-16.

Lalonde NM, Aubin CE, Pannetier R, Villemure I. (2008). Finite element modeling of vertebral body stapling applied for the correction of idiopathic scoliosis: preliminary results. *Stud Health Technol Inform. Vol. 140*, pp. 111-5.

Lalonde NM, Villemure I, Pannetier R, Parent S, Aubin CE. (2010). Biomechanical modeling of the lateral decubitus posture during corrective scoliosis surgery. *Clinical biomechanics, Vol.25(6)*, pp. 510-6.

Lalonde NM, Aubin CE, Parent S, Pannetier R, Villemure I. Lalonde NM, Aubin CE, Parent S, Pannetier R, Villemure I. (2010b). Biomechanics of the intra-operative lateral decubitus position for the scoliotic spine: effect of the pelvic obliquity. *Studies in health technology and informatics, Vol. 158,* pp. 95-100.

Lenke LG, Betz RR, Harms J, Bridwell KH, Clements DH, Lowe TG, Blanke K. (2001). Adolescent Idiopathic Scoliosis - A new classification to determine extent of spinal arthrodesis. *The journal of bone and joint surgery, Vol. 83-A8.*, pp.1169-1181.

Letellier K, Azeddine B, Blain S, Turgeon I, Wang da S, Boiro MS, Moldovan F, Labelle H, Poitras B, Rivard CH, GRimard G, Parent S, Ouellet J, Lacroix G, Moreau A. (2007). Étiopathogenèse de la scoliose idiopathique adolescente et nouveau concept moléculaire. *Médecine sciences (Paris), Vol. 23(11),* pp. 910-6.

Little JP, Pearcy MJ, Pettet GJ (2007). Parametric equations to represent the profile of the human intervertebral disc in the transverse plane. *Med Biol Eng Comput., Vol. 45(10),* pp. 939-45

Little JP, Adam CJ. (2009). The effect of soft tissue properties on spinal flexibility in scoliosis: biomechanical simulation of fulcrum bending. *Spine, Vol. 34(2),* pp. E76-82.

Lowe TG, Edgar M, Margulies JY, Miller NH, Raso VJ, Reinker KA, Rivard CH. (2000). Etiology of idiopathic scoliosis: current trends in research. *Journal of bone and joint surgery, Vols. 82-A(8),* pp. 1157-68.

Machida M, Dubousset J, Imamura Y, Iwaya T, Yamada T, and Kimura J. (1993). An experimental study in chickens for the pathogenesis of idiopathic scoliosis. *Spine, Vol. 18,* pp. 1609-1615.

Machida M, Dubousset J, Imamura Y, Iwaya T, Yamada T, and Kimura J. (1995). Role of melatonin deficiency in the development of scoliosis in pinealectomised chickens. *J.Bone Joint Surg.Br., Vol. 77,* pp. 134-8.

Machida M, Dubousset J, Imamura Y, Miyashita Y, Yamada T, and Kimura J. Melatonin. (1996). A possible role in pathogenesis of adolescent idiopathic scoliosis. *Spine, Vol. 21,* pp. 1147-52

Mahaudens P, Banse X, Mousny M, Detrembleur C. (2009). Gait in adolescent idiopathic scoliosis: kinematics and electromyographic analysis. *European spine journal, Vol. 18 (4),* pp. 512-21.

Meijer GJM, Homminga J, Hekman EEG, Veldhuizen AG, Verkerke. (2010). The effect of three-dimensional geometrical changes during adolescent growth on the biomechanics of a spinal motion segment. *Journal of biomechanics, Vol. 43(8),* pp. 1590-7.

Mente PL, Stokes IA, Spence H, Aronson DD. (1997). Progression of Vertebral Wedging in an Asymmetrically Loaded Rat Tail Model. *Spine, Vol. 22(12),* pp. 1292-6.

Mente PL, Aronsson DD, Stokes IA, Iatridis JC. (1999). Mechanical Modulation of Growth for the Correction of Vertebral Wedge Deformities. *Journal of orthopaedic research, Vol. 17,* pp. 518-24.

Mitelescu A, Semaan I, de Guise JA, Leborgne P, Adamsbaum C, Skalli W. (2001). Validation of the non-strereocorresponding points strereoradiographic 3D reconstruction technique. *Med. Bio. Eng. Comput., Vol. 39,* pp. 152-8.

Mitelescu A, Skalli W, Mitton D, de Guise JA. (2002). Three-dimensional surface rendering reconstruction of scoliotic vertebrae using a non strereo-corresponding points technique. *European spine journal, Vol. 11*, pp. 344-52.

Mitton D, Landry C, Véron S, Skalli W, Lavaste F, de Guise JA. (2000). 3D reconstruction method from biplanar radiography using nonstereocorresponding points and elastic deformable meshes. *Medical and biological engineering and computing, Vol. 38*, pp. 133-9.

Montgomery F and Willner S. (1963). The natural history of idiopathic scoliosis. Incidence of treatment in 15 cohorts of children born between 1963 and 1977. *Spine, Vol. 22*, pp. 772-774.

Morais T, Bernier M, and Turcotte F. (1985). Age- and sex-specific prevalence of scoliosis and the value of school screening programs. *Am.J.Public Health , Vol. 75*, pp. 1377-1380.

Newton PO, Faro FD, Farnsworth CL, Shapiro GS, Mohamad F, Parent S, Fricka K. (2005). Multilevel Spinal Growth Modulation With an Anterolateral Flexible Tether in an Immature Bovine Model. 2005. *Spine, Vol. 30(23)*, pp. 2608-2613.

Newton PO, Upasani VV, Farnsworth CL, Oka R, Chambers RD, Dwek J, Kim JR, Perry A, Mahar AT. (2008) Spinal Growth Modulation with Use of a Tether in an Immature Porcine Model. *JBJS Vol. 90*, pp. 2695-2706.

Newton PO, Farnsworth CL, Faro FD, Mahar AT, Odell TR, Mohamad F, Breish E, Fricka K, Upasani VV, Amiel D. (2008b). Spinal Growth Modulation With an Anterolateral Flexible Tether in an Immature Bovine Model. *Spine, Vol. 7*, pp. 724-733.

Nie WZ, Ye M, Wang ZY. (2008). Infinite models in scoliosis: a review of the literature and analysis of personal experience. *Biomed Tech, Vol. 53*, pp. 174-180.

Nie WZ, Ye M, Liu ZD, Wang CT. (2009). The patient-specific brace design and biomechanical analysis of adolescent idiopathic scoliosis. *Journal of biomechanical engineering, Vol. 131(4)*.

Noone G, Mazumdar J, Kothiyal KP, Ghista DN, Subbaraj K, Viviani GR. (1993). Biomechanical simulations of scoliotic spinal deformity and correction. *Australasian Physical and Engineering Sciences en Medecine, Vol. 16 (2),* pp. 63-74.

Novosad J, Cheriet F, Delorme S, Poirier S, Beauséjour M, Labelle H. (2002). Self-calibration of biplanar radiographs for a retrospective comparative study of the 3D correction of adolescent idiopathic scoliosis. *Research into spinal deformities,* pp. 272-5.

Panjabi MM, Krag MH, Dimnet JC, Walter SD, Brand RA. (1984). Thoracic spine centers of rotation in the sagittal plane. *J Orthop Res., Vol. 1(4),* pp. 387-94

Patwardhan AG, Havey RM, Meade KP, Lee B, Dunlap B. (1999). A follower load increases the load-carrying capacity of the lumbar spine in compression. *Spine (Phila Pa 1976). Vol. 24(10),* pp.1003-9.

Pearsall DJ, Reid JG, et Livingston LA (1996). Segmental inertial parameters of the human trunk as determined from computed tomography. *Annals Biomed. Eng., Vol. 24,* pp. 198-210.

Périé D, Aubin CE, Lacroix M, Lafon Y, Dansereau J, Labelle H. (2002). Personalized biomechanical modeling of Boston brace treatment in idiopathic scoliosis. *Stud Health Technol Inform., Vol. 91,* pp. 393-396.

Périé D, Aubin CE, Petit Y, Beauséjour M, Dansereau J, Labelle H. (2003). Boston brace correction in idiopathic scoliosis: *A biomechanical study. Spine, Vol. 28 (15),* pp. 1672-7.

Périé D, Aubin CE, Petit Y, Labelle H, Dansereau J. (2004). Personalized biomechanical simulations of orthotic treatment in idiopathic scoliosis. *Clinical biomachanics, Vol. 19,* pp. 190-195.

Petit Y, Aubin CE, Labelle H. (2004). Patient-specific mechanical properties of a flexible multi-body model of the scoliotic spine. *Med Biol Eng Comput. Vol.42(1),* pp. 55-60.

103

Pomero V, Mitton D, Laporte S, de Guise JA, Skalli W. (2004). Fast accurate stereoradiographic 3D-reconstruction of the spine using a combined geometric and statistic model. *Clinical biomechanics, Vol. 19,* pp. 240-7.

Popovich JM Jr., Welcher J, Cholewicki J, Tawackoli W, Kulig K. (2009).The effect follower load on lumbar spine facet joint forces and intervertebral disc pressures. *Conférence de l'American Society of Biomechanics.*

Porter RW. (2000). Idiopathic scoliosis: the relation between the vertebral canal and the vertebral bodies. *Spine, Vol. 25 (11),* pp. 1360-6.

Puttlitz CM, Masaru F, Barkley A, Diab M, Acaroglu E. (2007). A Biomechanical Assesment of Thoracic Spine Stapling. *Spine, Vol.32(7),* pp. 766-771.

Qiu XS, Tang NL, Yeung HY, Qiu Y, Qin L, Lee KM, Cheng JC. (2006). The role of melatonin receptor 1B gene (MTNR1B) in adolescent idiopathic scoliosis--a genetic association study. *Studies in health technology and informatics, Vol. 123,* pp. 3-8.

Rabineau D, Dupont Jean-Michel, Plateaux Ph. (2003). Embryologie humaine. *[CD-Rom] France : Cerimes, 2003.*

Raggio CL, Giampietro PF, Dobrin S, Zhao C, Dorshorst D, Ghebranious N, Weber JL, Blank RD. (2009). A novel locus for adolescent idiopathic scoliosis on chromosome 12p, *J Orthop Res., Vol. 27(10),* pp. 1366-72.

Rajwani T, Hilang EM, Secretan C, Bhargava R, Lambert R, Moreau M, Mahood J, Raso VJ, Bagnall KM. (2002) The components of the magnetic resonance image of the neurocentral junction. *Stud Healt Technol Inform, Vol. 91,* pp. 235-40.

Rogala EJ, Drummond DS, and Gurr J. (1978). Scoliosis: incidence and natural history. A prospective epidemiological study. *J.Bone Joint Surg.Am., Vol. 60,* pp. 173-176.

Rohlmann A, Bauer L, Zander T, Bergmann G, Wike HJ. (2006). Determination of trunk muscle forces for flexion and extension by using a validated finite element model of the lumbar spine and measured in vivo data. *Journal of biomechanics, Vol. 39,* pp. 981-9.

Rohlmann A, Richter M, Zander T, Klöckner C, Bergmann G. (2006b). Effect of different surgical strategies on screw forces after correction of scoliosis with a VDS implant. *European spine journal, Vol. 15,* pp. 457-64.

Rohlmann A, Zander T, Burra NK, Bergmann G. (2008). Flexible non-fusion scoliosis correct5ion systems reduce intervertebral rotation less than rigid implants and allow growth of the spine: a finite element analysis of different features of orthobiom. *European spine journal, Vol. 17,* pp. 217-223.

Rousseau MA, Laporte S, Chavary-Bernier E, Lazennec JY, Skalli W. (2007). Reproductibility of measuring the shape and three-dimensional position of cervial vertebrae in upright position using the EOS stereoradiography system. *Spine, Vol. 32 (23),* pp. 2569-72. 100

Schmidt H, Heuer F, Drumm J, Klezl Z, Claes L et Wilke HJ. (2007). Application of a calibration method provides more realistic results for a finite element model of a lumbar spinal segment. *Clin. Biomech., Vol. 22,* pp. 377-384.

Schmidt H, Kettler A, Rohlmann A, Claes L et Wilke HJ. (2007b). The risk of disc prolapses with complex loading in different degrees of disc degeneration – a finite element analysis. *Clin. Biomech., Vol. 22,* pp. 988-998.

Schmid EC, Aubin C-E, Moreau A, Sarwark J, Parent S. (2008). A novel Fusionless vertebral physeal device inducing spinal growth modulation for the correction of spinal deformities. *Eur Spine J., Vol. 17,* pp. 1329-1335.

Sergerie K, Lacoursière MO, Lévesque M. et Villemure I. (2009). Mechanical properties of the porcine growth plate and its zones from unconfined compression tests. *J. Biomech., Vol. 42,* pp. 510-516.

Shillington MP, Labrom RD, Askin GN, Adam CJ. (2011). A biomechanical investigation of vertebral staples for fusionless scoliosis correction. *Clinical Biomechanics, Vol. 26,* pp. 445-51.

Shirazi-Adl A, Sadouk S, Parnianpour M, Pop D, El-Rich M. (2002). Muscle force evaluation and the role of posture in human lumbar spine under compression. *European spine journal, Vol.11,* pp. 519-26.

Shirazi-Ald A, El-Rich M, Pop DG, Parnianpour M. (2005). Spinal muscle forces, internal loads and stability in standing under various postures and loads - application of kinematics-based algorithm. *European spine journal, Vol. 14,* pp. 381-92.

Shyy W, Wang K, Gurnett CA, Dobbs MB, Miller NH, Wise C, Sheffield VC, Morcuende JA. (2010). Evaluation of GPR50, hMel-1B, and ROR-alpha melatonin-related receptors and the etiology of adolescent idiopathic scoliosis. *Journal of pediatric orthopedics, Vol. 30(6),* pp. 539-43.

Stirling AJ, Howel D, Millner PA, Sadiq S, Sharples D, and Dickson RA. (1996). Late-onset idiopathic scoliosis in children six to fourteen years old. A cross-sectional prevalence study. *J.Bone Joint Surg.Am., Vol. 78,* pp. 1330-1336.

Stokes IA. (1996). Mechanical Modulation of Vertebral Body Growth: Implications for Scoliosis Progression. *Spine, Vol. 21(10),* pp. 1162-7.

Stokes IA, Aronsson DD, Spence H, Iatridis JC. (1998). Mechanical Modulation of Intervertebral Disc Thickness in Growing Rat Tails. *Journal of spinal deformities, Vol. 11(3),* pp. 261-5.

Stokes IA, Mente PL, Iatridis JC, Farnum CE, Aronsson DD. (2002). Enlargement of Growth Plate Chondrocytes Modulated by Sustained Mechanical Loading. *The journal of bone and joint surgery, Vol. 84,* pp. 1842-8.

Stokes IA, Gwadera J, Dimock A, Farnum CE, Aronsson DD. (2005). Modulation of vertebral and tibial growth by compression loading: diurnal versus full-time loading. *Journal of orthopaedic research, Vol. 23,* pp. 188-95.

Stokes IA, Burwell RG, Dangerfield PH. (2006). Biomechanical spinal growth modulation and progressive adolescent scoliosis--a test of the 'vicious cycle, pathogenetic hypothesis: summary of an electronic focus group debate of the IBSE. *Scoliosis, Vol. 18,* pp. 1-16.

Stokes IA. (2008). Mechanical modulation of spinal growth and progression of adolescent scoliosis. *Studies in health technology and informatics, Vol. 135,* pp. 75-83.

Stücker R. (2009). Ergebnisse der Behandlung von progredienten Skoliosen mit SMA-Klammern. *Orthopäde, Vol. 38(2),* pp. 176-180.

Swallow EB, Barreiro E, Gosker H, Sathyapala SA, Sanchez F, Hopkinson NS, Moxham J, Schols A, Gea J, Polkey MI. (2009). Quadriceps muscle strength in scoliosis. *European respiratory journal, Vol. 34(6),* pp. 1429-35.

Sylvestre PL, Villemure I, Aubin CE. (2007). Finite element modeling of the growth plate in a detailed spine model. *Med Bio Eng Comput, Vol. 45,* pp. 977-88.

Taylor TKF, Ghosh P, Bushell GR. (1981) The contribution of the intervertebral disk to the scoliotic deformity. *Clin Orthop, Vol. 156,* pp. 79-90.

Thilliard. MJ. (1968). Preuve histochimique pour les lipides dans le corps pineal du poulet. *Comptes rendus des séances de la Société de biologie et de ses filiales, Vol. 162 (5),* pp. 1074-80.

Tis JE, O'Brien MF, Newton PO, Lenke LG, Clements DH, Harms J, Betz RR. (2010). Adolescent idiopathic scoliosis treated with open instrumented anterior spinal fusion : five-year follow-up. *Spine (Phila Pa 1976), Vol. 35(1),* pp. 64-70.

Tortora GJ. (1981). Principles of anatomy and physiology. *New-York : Harper & Row.*

Trobish PD, Samdani A, Cahill P, Betz RR. (2011). Vertebral body stapling as an alternative in the treatment of idopathic scoliosis. *Oper Orthop Traumatol, Vol. 23,* pp. 227-31.

Vaiton M, Dansereau J, Grimard G, Beauséjour M, Labelle H. (2004). Évaluation d'une méthode clinique d'acquisition rapide de la géométrie 3D de colonnes vertébrales scoliotiques. *ITBM-RBM, Vol. 25,* pp. 150-62.

van der Plaats A, Veldhuizen AG, Verkerke GJ. (2007). Numerical simulation of asymmetrically altered growth as initiation mechanism of scoliosis. *Annals of biomedical engineering, Vol.35(7),* pp. 1206-15.

Villemure I, Aubin CE, Dansereau J, Labelle H. (2002). Modélisation biomécanique de la croissance et de la modulation de croissance vertébrales pour l'étude des déformations scoliotiques : étude de faisabilité. *ITBM-RBM, Vol. 23,* pp. 109-17.

Villemure I, Aubin CE, Dansereau J, Labelle H. (2002b). Simulation of pregressice deformities in adolescent idiopathic scoliosis using a biomechanical model integrating vertebral growth modulation. *Journal of biomechanical engineering, Vol. 124,* pp. 784-90.

Villemure I, Aubin CE, Dansereau J, Labelle H. (2004). Biomechanical simulations of the spine deformation process in adolescent idiopathic scoliosis from different pathogenesis hypotheses. *European spine journal, Vol. 13,* pp. 83-90.

Villemure I, Chung MA, Seck CS, Kimm MH, Matyas JR, Duncun NA. (2005). Static compressive loading reduces the mRNA expression of type II and X collagen in rat growth-plate chondrocytes during postnatal growth. *Connective tissue research, Vol. 46,* pp. 211-9.

108

Wall EJ, Bylski-Austrow DI, Kolata RJ, Crawford AH. (2005). Endoscopic Mechanical Spinal Hemiepiphysiodesis Modifies Spine Growth. *Spine, Vol. 30(10),* pp. 1148-1153.

Wang JL, Shirazi-Adl A, Parnianpour M. (2005). Search for critical loading condition of the spine-A meta analysis of nonlinear viscoelastic finite element model. *Computer methods in biomechanics and biomedical engineering, Vol. 8(5),* pp. 323-30.

Ward K, Ogilvie J, Argyle V, Nelson L, Meade M, Braun J, Chettier R. (2010). Polygenic inheritance of adolescent idiopathic scoliosis: a study of extended families in Utah. *American journal of medical genetics. Part A, Vol. 152A(5),* pp. 1178-88.

Weinstein SL. (1994) The pediatric spine. *Principles and practice.. Vols. I,* 974 pages.

Werneck LC, Cousseau VA, Graells XS, Werneck MC, Scola RH. (2008). Muscle study in experimental scoliosis in rabbits with costotransversectomy: evidence of ischemic process. *European spine journal, Vol. 17(5),* pp. 726-33.

Yamazaki A, Mason DE, Caro PA. (1998). Age of closure of the neurocentral cartilage in the thoracic spine. *J Pediatr Orthop, Vol. 18,* pp. 168-172.

Zhu F, Qiu Y, Yeung HY, Lee KM. (2006). Histomorphometric study of the spinal growth plates in idiopathic scoliosis and congenital scoliosis. *Pediatrics international, Vol. 48,* pp. 591-598.

ANNEXE A – Résultats complets de l'étude de sensibilité

Cette annexe comporte tous les diagrammes de Pareto et le tracé de la normalité par moitié de l'étude de sensibilité.

Résultats de l'étude de sensibilité :

En ce qui concerne l'angle de Cobb, le diagramme de Pareto et le tracé de la normalité par moitié sont les suivants :

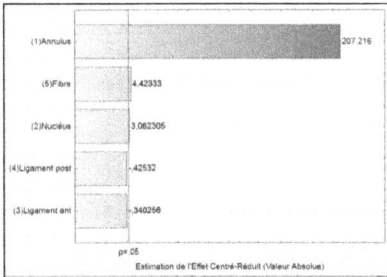

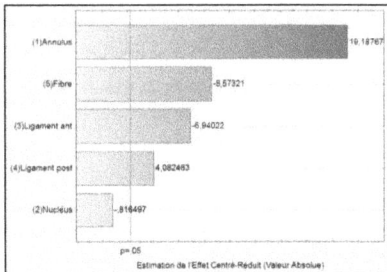

Figure A-1 : Diagramme de Pareto sur l'angle de Cobb pour l'étude de sensibilité du modèle

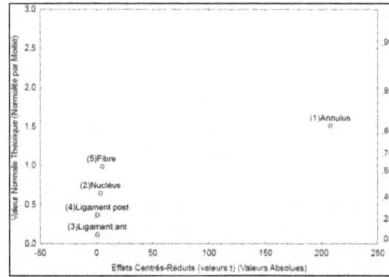

Figure A-2 : Normalité par moitié sur l'angle de Cobb pour l'étude de sensibilité du modèle

En ce qui concerne la lordose lombaire, le diagramme de Pareto et le tracé de la normalité par moitié sont les suivants :

Figure A-3 : Diagramme de Pareto sur la lordose pour l'étude de sensibilité du modèle

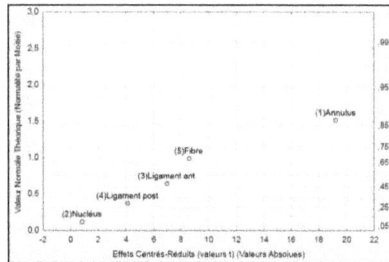

Figure A-4 : Normalité par moitié sur la lordose pour l'étude de sensibilité du modèle

110

En ce qui concerne la cyphose thoracique, le diagramme de Pareto et le tracé de la normalité par moitié sont les suivants :

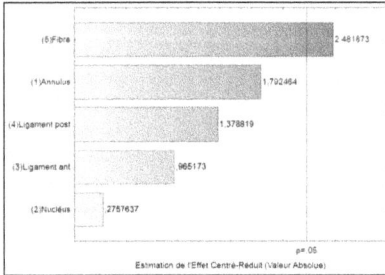

Figure A-5 : Diagramme de Pareto sur la cyphose pour l'étude de sensibilité du modèle

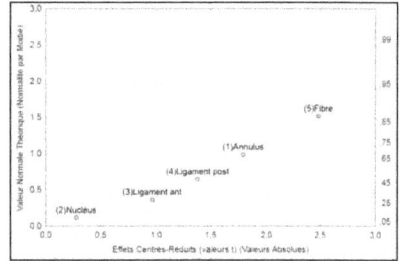

Figure A-6 : Normalité par moitié sur la cyphose pour l'étude de sensibilité du modèle

En ce qui concerne la cunéiformisation des disques intervertébraux, les diagrammes de Pareto et les tracés de la normalité par moitié sont les suivants :

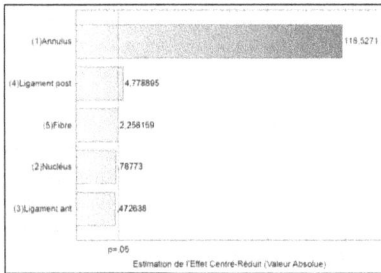

Figure A-7 : Diagramme de Pareto sur la cunéiformisation du disque intervertébral T9-T10 pour l'étude de sensibilité du modèle

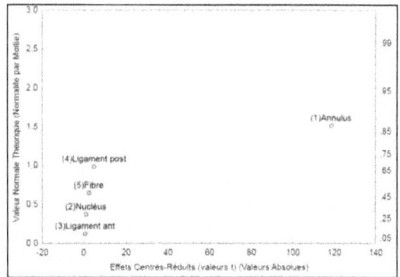

Figure A-8 : Normalité par moitié sur la cunéiformisation du disque intervertébral T9-T10 pour l'étude de sensibilité du modèle

111

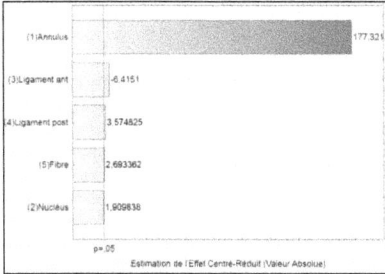

Figure A-9 : Diagramme de Pareto sur la cunéiformisation du disque intervertébral T10-T11 pour l'étude de sensibilité du modèle

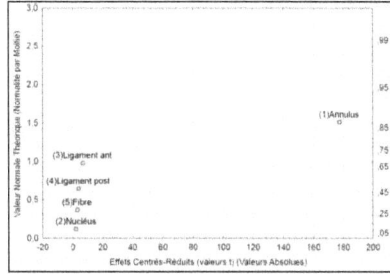

Figure A-10 : Normalité par moitié sur la cunéiformisation du disque intervertébral T10-T11 pour l'étude de sensibilité du modèle

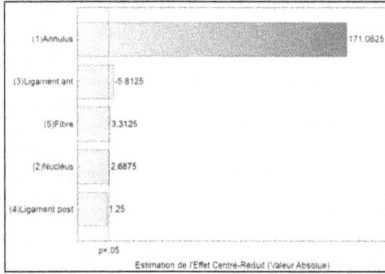

Figure A-11 : Diagramme de Pareto sur la cunéiformisation du disque intervertébral T11-T12 pour l'étude de sensibilité du modèle

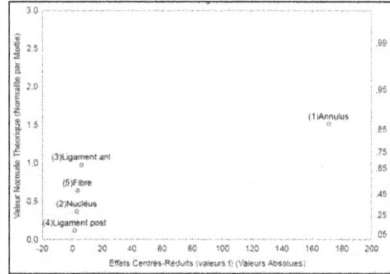

Figure A-12 : Normalité par moitié sur la cunéiformisation du disque intervertébral T11-T12 pour l'étude de sensibilité du modèle

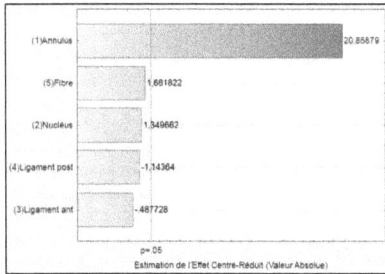

Figure A-13 : Diagramme de Pareto sur la cunéiformisation du disque intervertébral T12-L1 pour l'étude de sensibilité du modèle

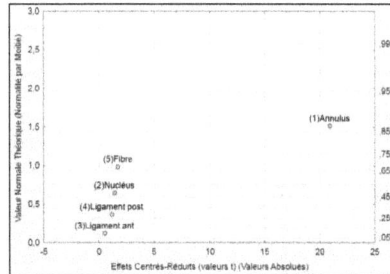

Figure A-14 : Normalité par moitié sur la cunéiformisation du disque intervertébral T12-L1 pour l'étude de sensibilité du modèle

112

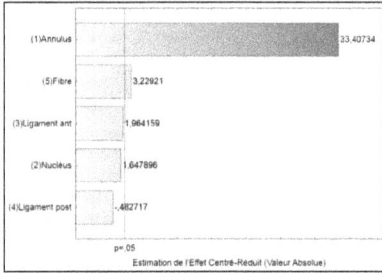

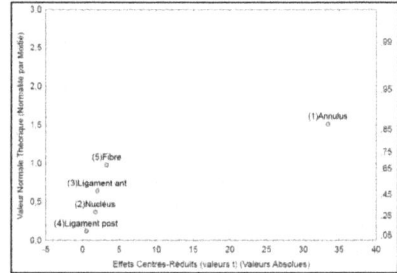

Figure A-15 : Diagramme de Pareto sur la cunéiformisation du disque intervertébral L1-L2 pour l'étude de sensibilité du modèle

Figure A-16 : Normalité par moitié sur la cunéiformisation du disque intervertébral L1-L2 pour l'étude de sensibilité du modèle

En ce qui concerne les contraintes internes des plaques de croissances, les diagrammes de Pareto et les tracés de la normalité par moitié sont les suivants :

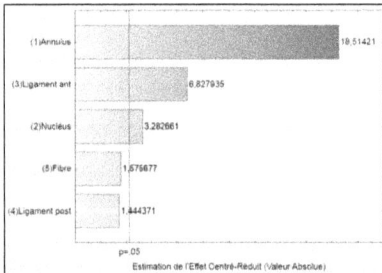

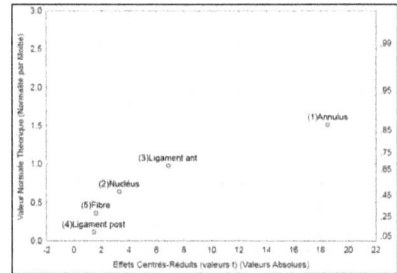

Figure A-17 : Diagramme de Pareto sur les contraintes internes de la plaque de croissance inférieure de la vertèbre T9 pour l'étude de sensibilité du modèle

Figure A-18 : Normalité par moitié sur les contraintes internes de la plaque de croissance inférieure de la vertèbre T9 pour l'étude de sensibilité du modèle

113

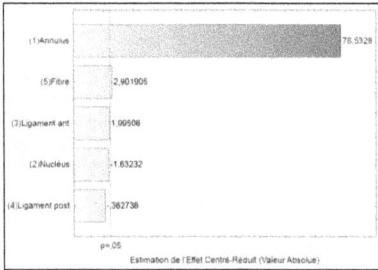

Figure A-19 : Diagramme de Pareto sur les contraintes
internes de la plaque de croissance supérieure de la vertèbre
T10 pour l'étude de sensibilité du modèle

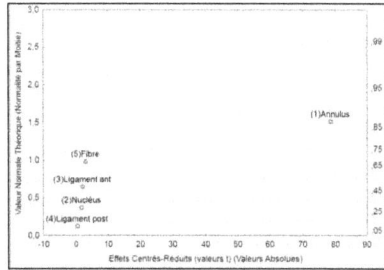

Figure A-20 : Normalité par moitié sur les contraintes
internes de la plaque de croissance supérieure de la vertèbre
T10 pour l'étude de sensibilité du modèle

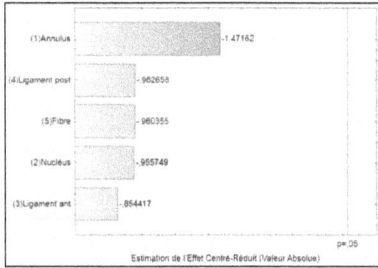

Figure A-21 : Diagramme de Pareto sur les contraintes
internes de la plaque de croissance inférieure de la vertèbre
T10 pour l'étude de sensibilité du modèle

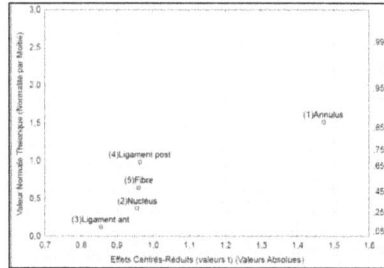

Figure A-22 : Normalité par moitié sur les contraintes
internes de la plaque de croissance inférieure de la vertèbre
T10 pour l'étude de sensibilité du modèle

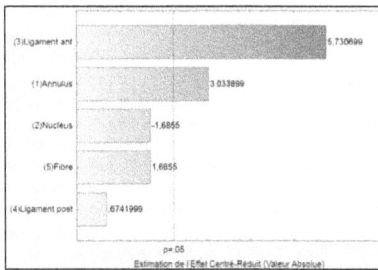

Figure A-23 : Diagramme de Pareto sur les contraintes
internes de la plaque de croissance supérieure de la vertèbre
T11 pour l'étude de sensibilité du modèle

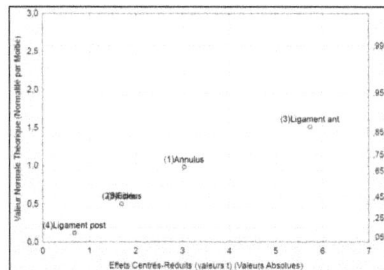

Figure A-24 : Normalité par moitié sur les contraintes
internes de la plaque de croissance supérieure de la vertèbre
T11 pour l'étude de sensibilité du modèle

114

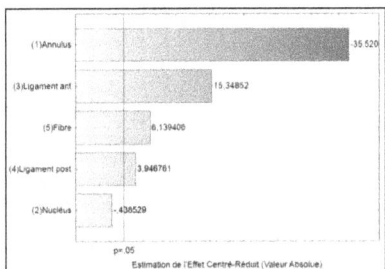

Figure A-25 : Diagramme de Pareto sur les contraintes internes de la plaque de croissance inférieure de la vertèbre T11 pour l'étude de sensibilité du modèle

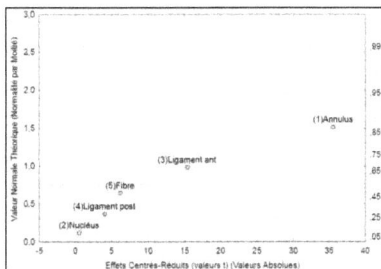

Figure A-26 : Normalité par moitié sur les contraintes internes de la plaque de croissance inférieure de la vertèbre T11 pour l'étude de sensibilité du modèle

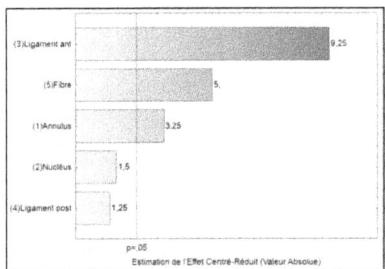

Figure A-27 : Diagramme de Pareto sur les contraintes internes de la plaque de croissance supérieure de la vertèbre T12 pour l'étude de sensibilité du modèle

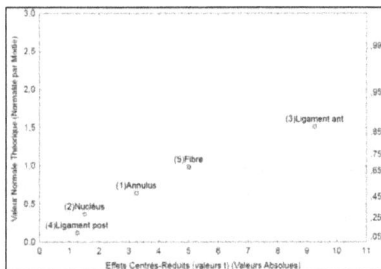

Figure A-28 : Normalité par moitié sur les contraintes internes de la plaque de croissance supérieure de la vertèbre T12 pour l'étude de sensibilité du modèle

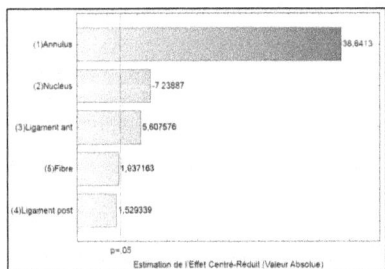

Figure A-29 : Diagramme de Pareto sur les contraintes internes de la plaque de croissance inférieure de la vertèbre T12 pour l'étude de sensibilité du modèle

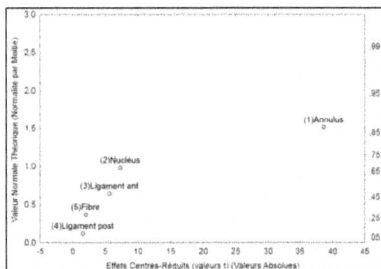

Figure A-30 : Normalité par moitié sur les contraintes internes de la plaque de croissance inférieure de la vertèbre T12 pour l'étude de sensibilité du modèle

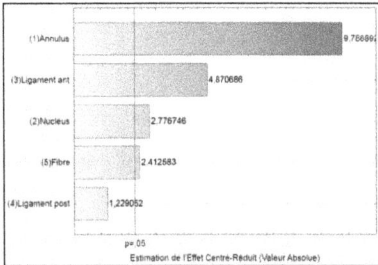

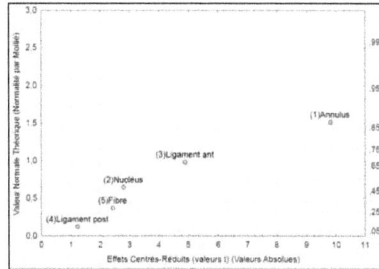

Figure A-31 : Diagramme de Pareto sur les contraintes internes de la plaque de croissance supérieure de la vertèbre L1 pour l'étude de sensibilité du modèle

Figure A-32 : Normalité par moitié sur les contraintes internes de la plaque de croissance supérieure de la vertèbre L1 pour l'étude de sensibilité du modèle

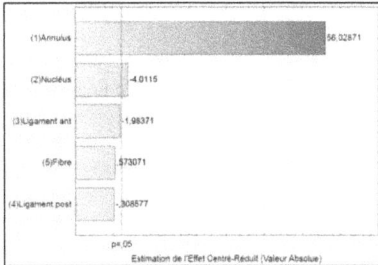

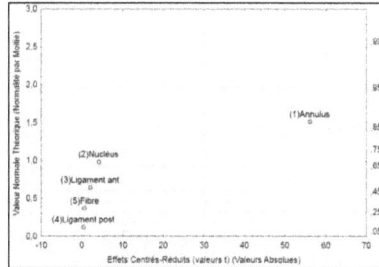

Figure A-33 : Diagramme de Pareto sur les contraintes internes de la plaque de croissance inférieure de la vertèbre L1 pour l'étude de sensibilité du modèle

Figure A-34 : Normalité par moitié sur les contraintes internes de la plaque de croissance inférieure de la vertèbre L1 pour l'étude de sensibilité du modèle

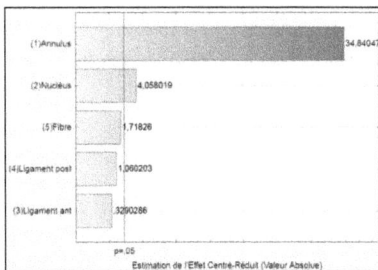

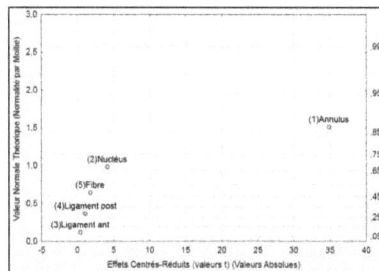

Figure A-35 : Diagramme de Pareto sur les contraintes internes de la plaque de croissance supérieure de la vertèbre L2 pour l'étude de sensibilité du modèle

Figure A-36 : Normalité par moitié sur les contraintes internes de la plaque de croissance supérieure de la vertèbre L2 pour l'étude de sensibilité du modèle

116

ANNEXE B – Résultats complets sur l'influence du type de matériau et l'amplitude de la réduction pré-instrumentation

Cette annexe comporte tous les diagrammes de Pareto et le tracé de la normalité par moitié des plans d'expériences réalisés sur 6 patients permettant de déterminer l'influence du type de matériau, de l'amplitude de la réduction pré-instrumentation et de la distance du câble (patient1).

Résultats pour le patient 1 :

En ce qui concerne l'angle de Cobb, le diagramme de Pareto et le tracé de la normalité par moitié sont les suivants :

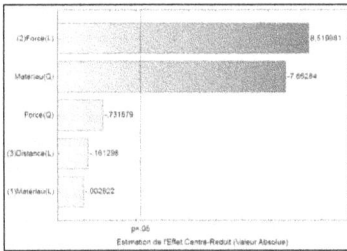

Figure B-1 : Diagramme de Pareto sur l'angle de Cobb pour l'étude 2 sur le patient 1

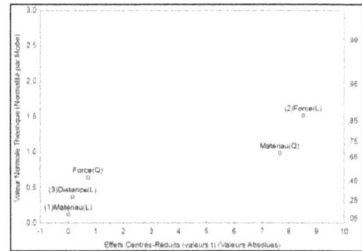

Figure B-2 : Normalité par moitié sur l'angle de Cobb pour l'étude 2 sur le patient 1

En ce qui concerne la lordose lombaire, le diagramme de Pareto et le tracé de la normalité par moitié sont les suivants :

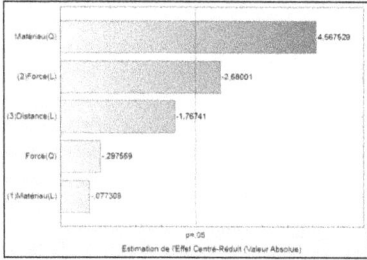

Figure B-3 : Diagramme de Pareto sur la lordose pour l'étude 2 sur le patient 1

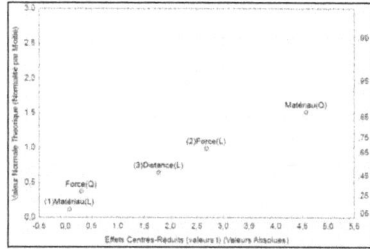

Figure B-4 : Normalité par moitié sur la lordose pour l'étude 2 sur le patient 1

En ce qui concerne la cyphose thoracique, le diagramme de Pareto et le tracé de la normalité par moitié sont les suivants :

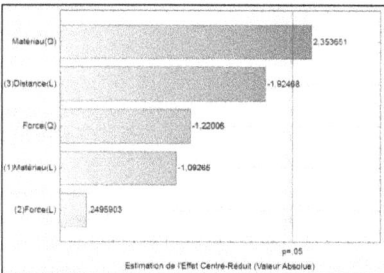

Figure B-5 : Diagramme de Pareto sur la cyphose pour l'étude 2 sur le patient 1

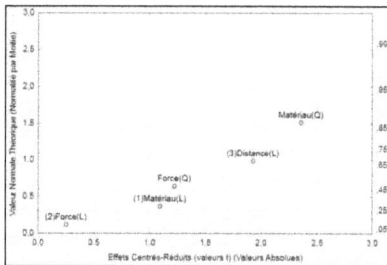

Figure B-6 : Normalité par moitié sur la cyphose pour l'étude 2 sur le patient 1

En ce qui concerne la cunéiformisation des disques intervertébraux, les diagrammes de Pareto et le tracé de la normalité par moitié sont les suivants :

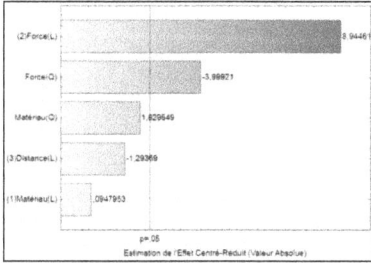

Figure B-7 : Diagramme de Pareto sur la cunéiformisation du disque intervertébral T9-T10 pour l'étude 2 sur le patient 1

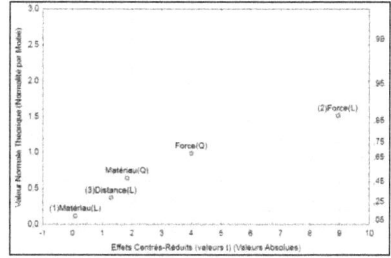

Figure B-8 : Normalité par moitié sur la cunéiformisation du disque intervertébral T9-T10 pour l'étude 2 sur le patient 1

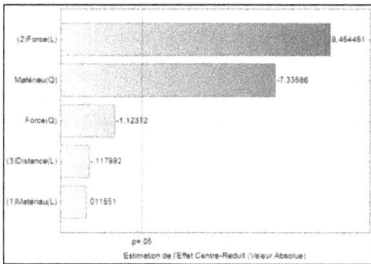

Figure B-9 : Diagramme de Pareto sur la cunéiformisation du disque intervertébral T10-T11 pour l'étude 2 sur le patient 1

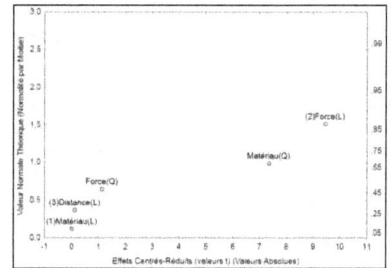

Figure B-10 : Normalité par moitié sur la cunéiformisation du disque intervertébral T10-T11 pour l'étude 2 sur le patient 1

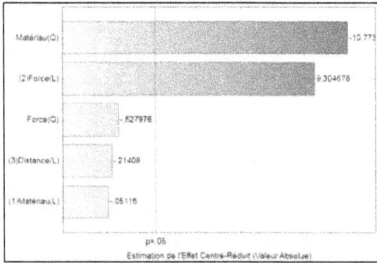

Figure B-11 : Diagramme de Pareto sur la cunéiformisation
du disque intervertébral T11-T12 pour l'étude 2 sur le
patient 1

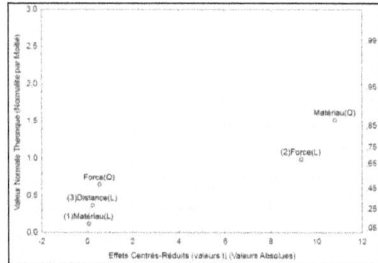

Figure B-12 : Normalité par moitié sur la cunéiformisation
du disque intervertébral T11-T12 pour l'étude 2 sur le
patient 1

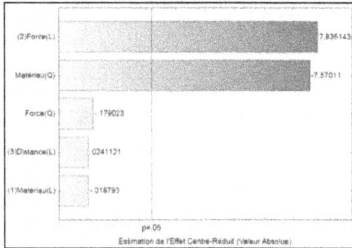

Figure B-13 : Diagramme de Pareto sur la cunéiformisation
du disque intervertébral T12-L1 pour l'étude 2 sur le
patient 1

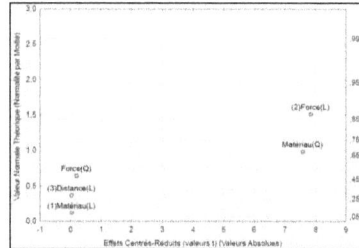

Figure B-14 : Normalité par moitié sur la cunéiformisation
du disque intervertébral T12-L1 pour l'étude 2 sur le patient
1

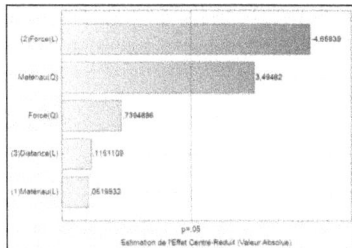

Figure B-15 : Diagramme de Pareto sur la cunéiformisation
du disque intervertébral L1-L2 pour l'étude 2 sur le patient
1

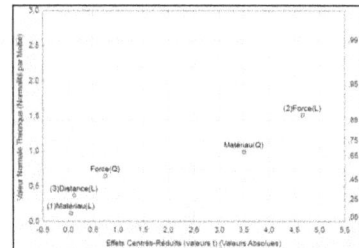

Figure B-16 : Normalité par moitié sur la cunéiformisation
du disque intervertébral L1-L2 pour l'étude 2 sur le patient
1

120

En ce qui concerne les contraintes internes dans les plaques de croissance, les diagrammes de Pareto et les tracés de la normalité par moitié sont les suivants :

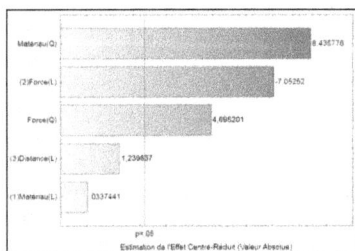

Figure B-17 : Diagramme de Pareto sur les contraintes internes de la plaque de croissance inférieure de la vertèbre T9 pour l'étude 2 sur le patient 1

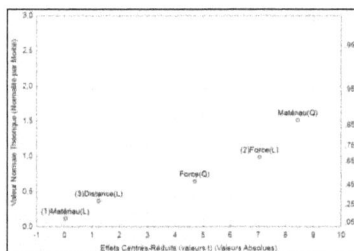

Figure B-18 : Normalité par moitié sur les contraintes internes de la plaque de croissance inférieure de la vertèbre T9 pour l'étude 2 sur le patient 1

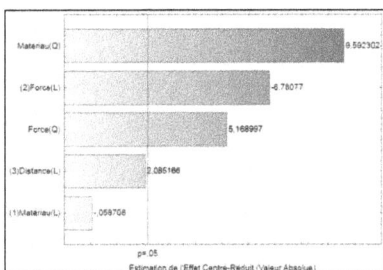

Figure B-19 : Diagramme de Pareto sur les contraintes internes de la plaque de croissance supérieure de la vertèbre T10 pour l'étude 2 sur le patient 1

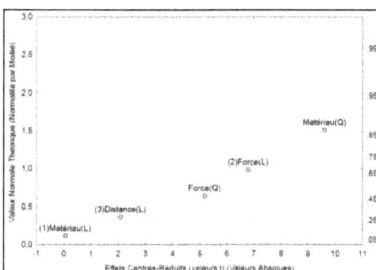

Figure B-20 : Normalité par moitié sur les contraintes internes de la plaque de croissance supérieure de la vertèbre T10 pour l'étude 2 sur le patient 1

121

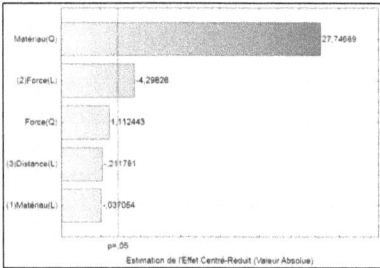

Figure B-21 : Diagramme de Pareto sur les contraintes
internes de la plaque de croissance inférieure de la vertèbre
T10 pour l'étude 2 sur le patient 1

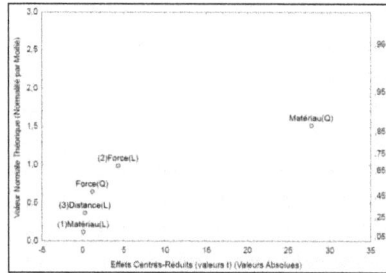

Figure B-22 : Normalité par moitié sur les contraintes
internes de la plaque de croissance inférieure de la vertèbre
T10 pour l'étude 2 sur le patient 1

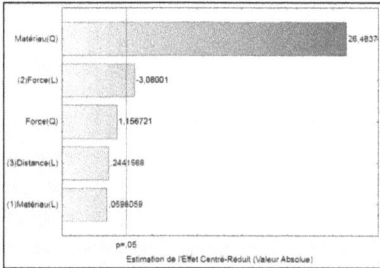

Figure B-23 : Diagramme de Pareto sur les contraintes
internes de la plaque de croissance supérieure de la vertèbre
T11 pour l'étude 2 sur le patient 1

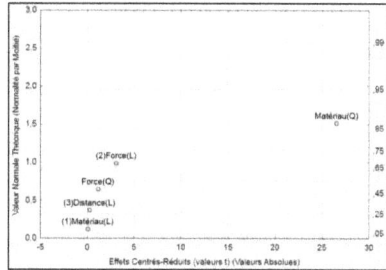

Figure B-24 : Normalité par moitié sur les contraintes
internes de la plaque de croissance supérieure de la vertèbre
T11 pour l'étude 2 sur le patient 1

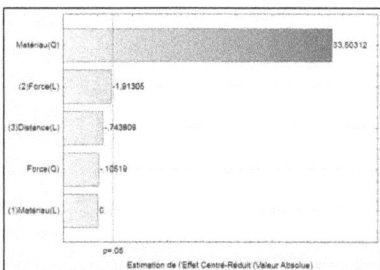

Figure B-25 : Diagramme de Pareto sur les contraintes
internes de la plaque de croissance inférieure de la vertèbre
T11 pour l'étude 2 sur le patient 1

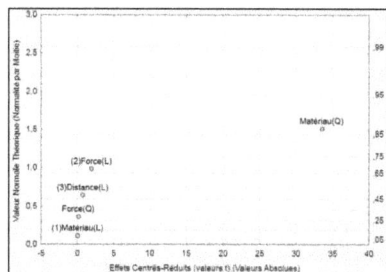

Figure B-26 : Normalité par moitié sur les contraintes
internes de la plaque de croissance inférieure de la vertèbre
T11 pour l'étude 2 sur le patient 1

122

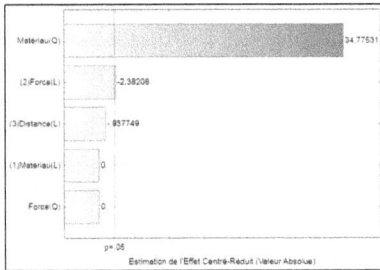

Figure B-27 : Diagramme de Pareto sur les contraintes internes de la plaque de croissance supérieure de la vertèbre T12 pour l'étude 2 sur le patient 1

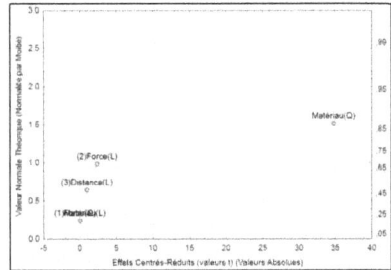

Figure B-28 : Normalité par moitié sur les contraintes internes de la plaque de croissance supérieure de la vertèbre T12 pour l'étude 2 sur le patient 1

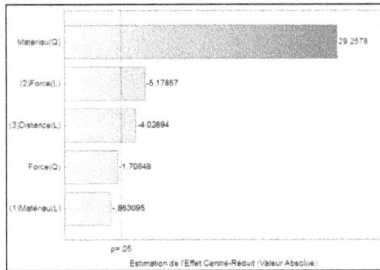

Figure B-29 : Diagramme de Pareto sur les contraintes internes de la plaque de croissance inférieure de la vertèbre T12 pour l'étude 2 sur le patient 1

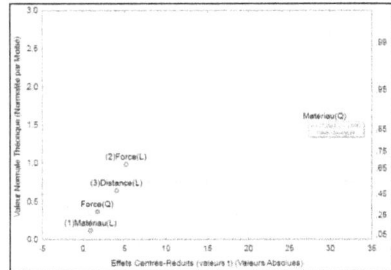

Figure B-30 : Normalité par moitié sur les contraintes internes de la plaque de croissance inférieure de la vertèbre T12 pour l'étude 2 sur le patient 1

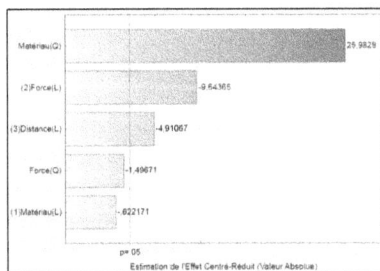

Figure B-31 : Diagramme de Pareto sur les contraintes internes de la plaque de croissance supérieure de la vertèbre L1 pour l'étude 2 sur le patient 1

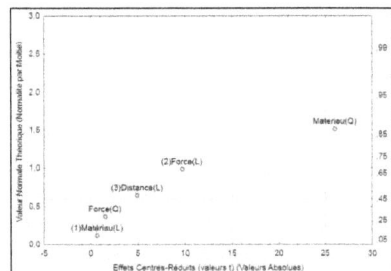

Figure B-32 : Normalité par moitié sur les contraintes internes de la plaque de croissance supérieure de la vertèbre L1 pour l'étude 2 sur le patient 1

123

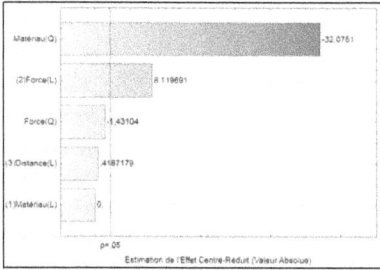

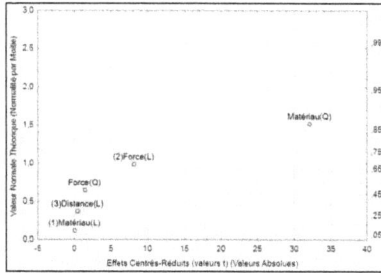

**Figure B-33 : Diagramme de Pareto sur les contraintes
internes de la plaque de croissance inférieure de la vertèbre
L1 pour l'étude 2 sur le patient 1**

**Figure B-34 : Normalité par moitié sur les contraintes
internes de la plaque de croissance inférieure de la vertèbre
L1 pour l'étude 2 sur le patient 1**

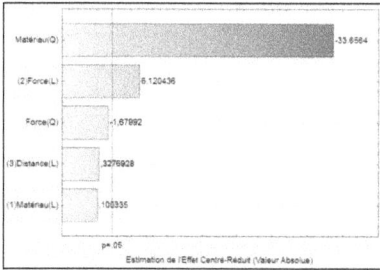

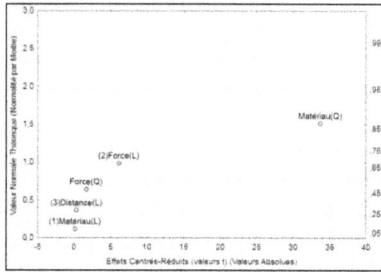

**Figure B-35 : Diagramme de Pareto sur les contraintes
internes de la plaque de croissance supérieure de la vertèbre
L2 pour l'étude 2 sur le patient 1**

**Figure B-36 : Normalité par moitié sur les contraintes
internes de la plaque de croissance supérieure de la vertèbre
L2 pour l'étude 2 sur le patient 1**

124

Résultats pour le patient 2 :

En ce qui concerne l'angle de Cobb, le diagramme de Pareto et le tracé de la normalité par moitié sont les suivants :

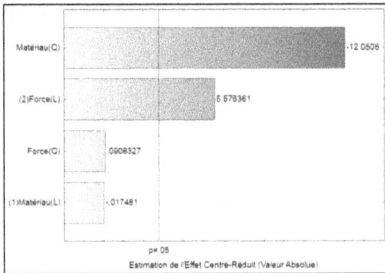

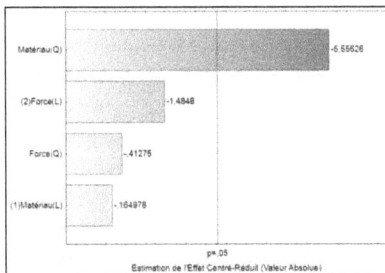

Figure B-37 : Diagramme de Pareto sur l'angle de Cobb
pour l'étude 2 sur le patient 2

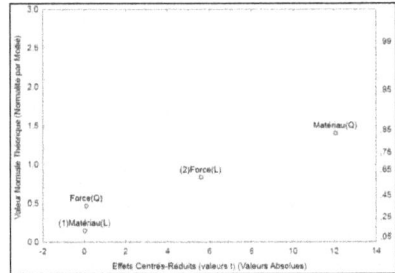

Figure B-38 : Normalité par moitié sur l'angle de Cobb
pour l'étude 2 sur le patient 2

En ce qui concerne la lordose lombaire, le diagramme de Pareto et le tracé de la normalité par moitié sont les suivants :

Figure B-39 : Diagramme de Pareto sur la lordose pour
l'étude 2 sur le patient 2

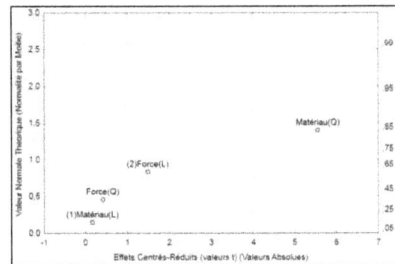

Figure B-40 : Normalité par moitié sur la lordose pour
l'étude 2 sur le patient 2

En ce qui concerne la cyphose thoracique, le diagramme de Pareto et le tracé de la normalité par moitié sont les suivants :

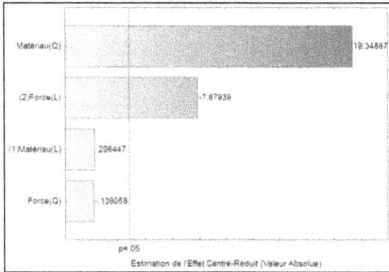

Figure B-41 : Diagramme de Pareto sur la cyphose pour l'étude 2 sur le patient 2

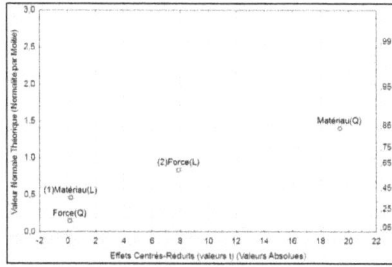

Figure B-42 : Normalité par moitié sur la cyphose pour l'étude 2 sur le patient 2

En ce qui concerne la cunéiformisation des disques intervertébraux, les diagrammes de Pareto et le tracé de la normalité par moitié sont les suivants :

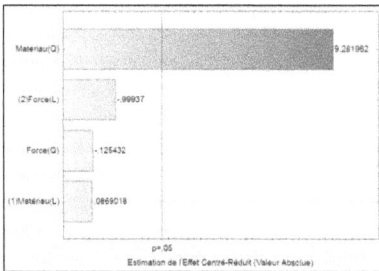

Figure B-43 : Diagramme de Pareto sur la cunéiformisation du disque intervertébral T11-T12 pour l'étude 2 sur le patient 2

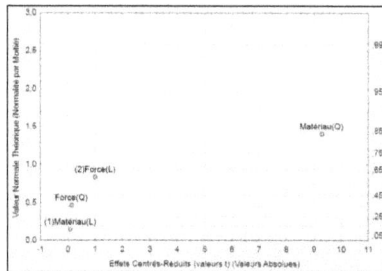

Figure B-44 : Normalité par moitié sur la cunéiformisation du disque intervertébral T11-T12 pour l'étude 2 sur le patient 2

126

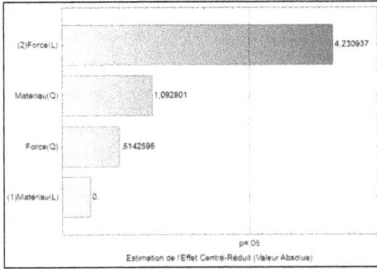

Figure B-45 : Diagramme de Pareto sur la cunéiformisation du disque intervertébral T12-L1 pour l'étude 2 sur le patient 2

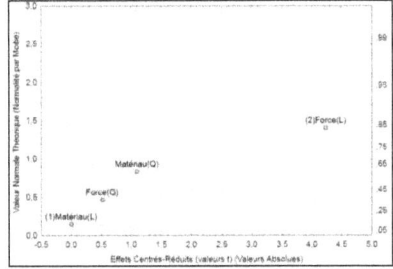

Figure B-46 : Normalité par moitié sur la cunéiformisation du disque intervertébral T12-L1 pour l'étude 2 sur le patient 2

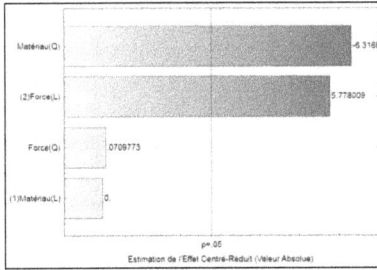

Figure B-47 : Diagramme de Pareto sur la cunéiformisation du disque intervertébral L1-L2 pour l'étude 2 sur le patient 2

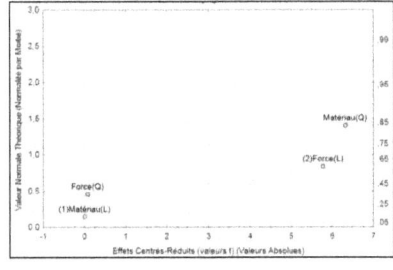

Figure B-48 : Normalité par moitié sur la cunéiformisation du disque intervertébral L1-L2 pour l'étude 2 sur le patient 2

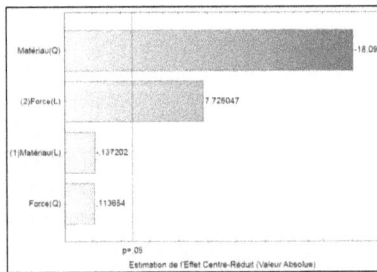

Figure B-49 : Diagramme de Pareto sur la cunéiformisation du disque intervertébral L2-L3 pour l'étude 2 sur le patient 2

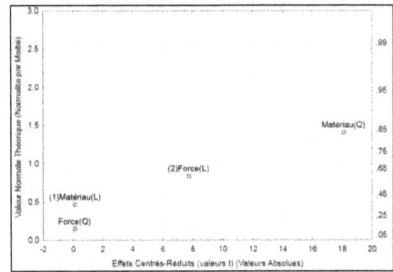

Figure B-50 : Normalité par moitié sur la cunéiformisation du disque intervertébral L2-L3 pour l'étude 2 sur le patient 2

127

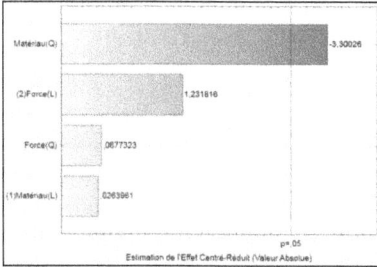

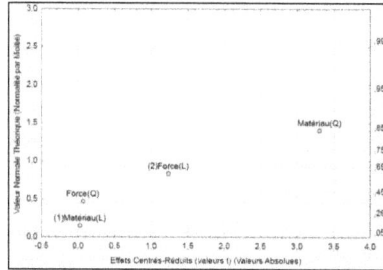

Figure B-51 : Diagramme de Pareto sur la cunéiformisation du disque intervertébral L3-L4 pour l'étude 2 sur le patient 2

Figure B-52 : Normalité par moitié sur la cunéiformisation du disque intervertébral L3-L4 pour l'étude 2 sur le patient 2

En ce qui concerne les contraintes internes dans les plaques de croissance, les diagrammes de Pareto et les tracés de la normalité par moitié sont les suivants :

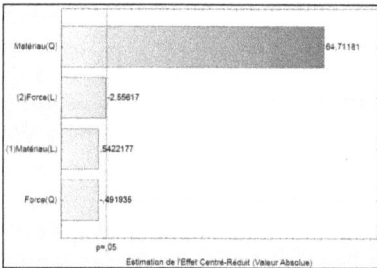

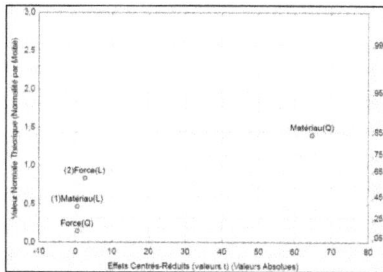

Figure B-53 : Diagramme de Pareto sur les contraintes internes de la plaque de croissance inférieure de la vertèbre T11 pour l'étude 2 sur le patient 2

Figure B-54 : Normalité par moitié sur les contraintes internes de la plaque de croissance inférieure de la vertèbre T11 pour l'étude 2 sur le patient 2

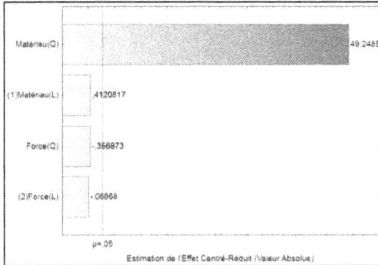

Figure B-55 : Diagramme de Pareto sur les contraintes internes de la plaque de croissance supérieure de la vertèbre T12 pour l'étude 2 sur le patient 2

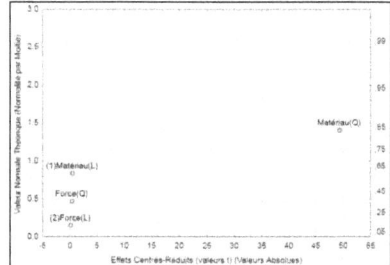

Figure B-56 : Normalité par moitié sur les contraintes internes de la plaque de croissance supérieure de la vertèbre T12 pour l'étude 2 sur le patient 2

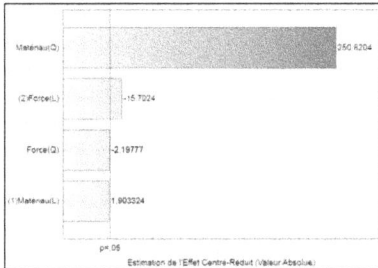

Figure B-57 : Diagramme de Pareto sur les contraintes internes de la plaque de croissance inférieure de la vertèbre T12 pour l'étude 2 sur le patient 2

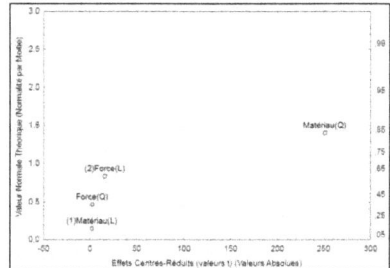

Figure B-58 : Normalité par moitié sur les contraintes internes de la plaque de croissance inférieure de la vertèbre T12 pour l'étude 2 sur le patient 2

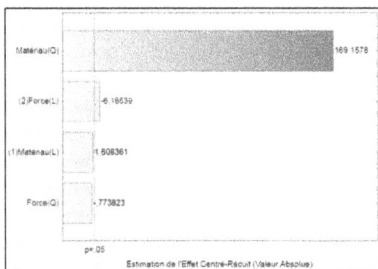

Figure B-59 : Diagramme de Pareto sur les contraintes internes de la plaque de croissance supérieure de la vertèbre L1 pour l'étude 2 sur le patient 2

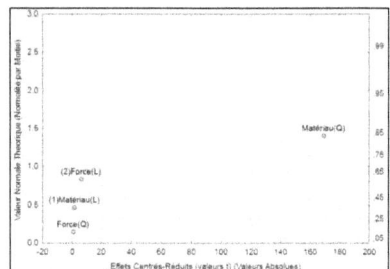

Figure B-60 : Normalité par moitié sur les contraintes internes de la plaque de croissance supérieure de la vertèbre L1 pour l'étude 2 sur le patient 2

129

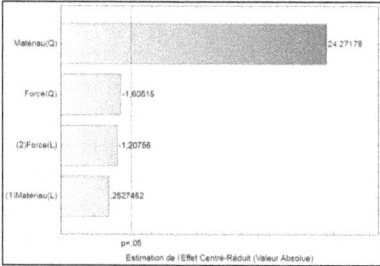

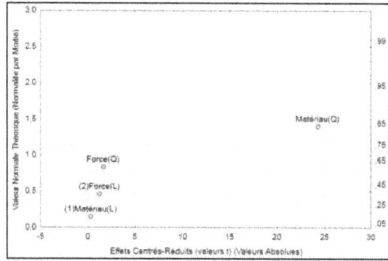

Figure B-61 : Diagramme de Pareto sur les contraintes internes de la plaque de croissance inférieure de la vertèbre L1 pour l'étude 2 sur le patient 2

Figure B-62 : Normalité par moitié sur les contraintes internes de la plaque de croissance inférieure de la vertèbre L1 pour l'étude 2 sur le patient 2

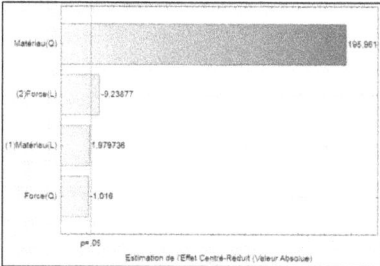

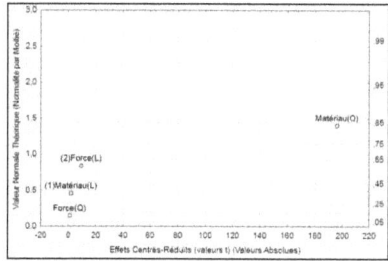

Figure B-63 : Diagramme de Pareto sur les contraintes internes de la plaque de croissance supérieure de la vertèbre L2 pour l'étude 2 sur le patient 2

Figure B-64 : Normalité par moitié sur les contraintes internes de la plaque de croissance supérieure de la vertèbre L2 pour l'étude 2 sur le patient 2

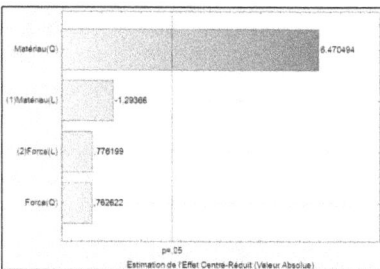

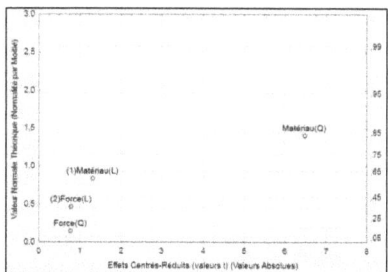

Figure B-65 : Diagramme de Pareto sur les contraintes internes de la plaque de croissance inférieure de la vertèbre L2 pour l'étude 2 sur le patient 2

Figure B-66 : Normalité par moitié sur les contraintes internes de la plaque de croissance inférieure de la vertèbre L2 pour l'étude 2 sur le patient 2

130

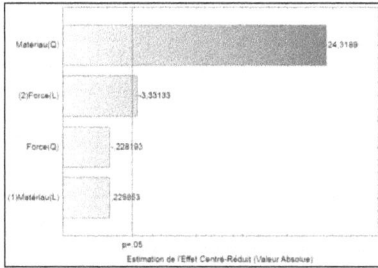

Figure B-67 : Diagramme de Pareto sur les contraintes
internes de la plaque de croissance supérieure de la vertèbre
L3 pour l'étude 2 sur le patient 2

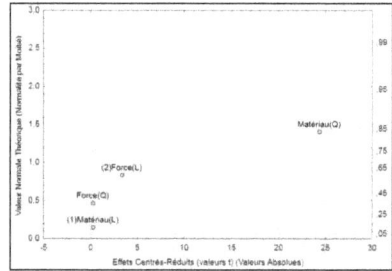

Figure B-68 : Normalité par moitié sur les contraintes
internes de la plaque de croissance supérieure de la vertèbre
L3 pour l'étude 2 sur le patient 2

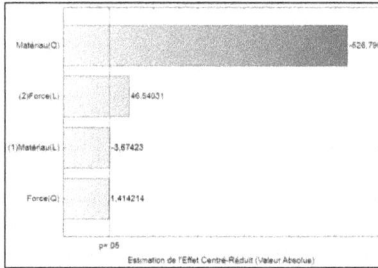

Figure B-69 : Diagramme de Pareto sur les contraintes
internes de la plaque de croissance inférieure de la vertèbre
L3 pour l'étude 2 sur le patient 2

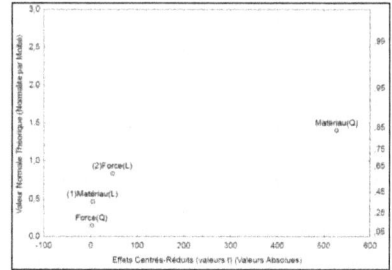

Figure B-70 : Normalité par moitié sur les contraintes
internes de la plaque de croissance inférieure de la vertèbre
L3 pour l'étude 2 sur le patient 2

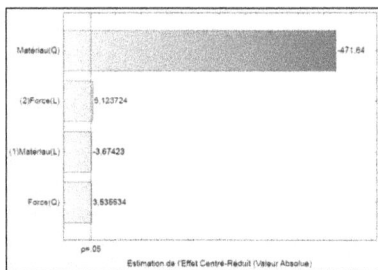

Figure B-71 : Diagramme de Pareto sur les contraintes
internes de la plaque de croissance supérieure de la vertèbre
L4 pour l'étude 2 sur le patient 2

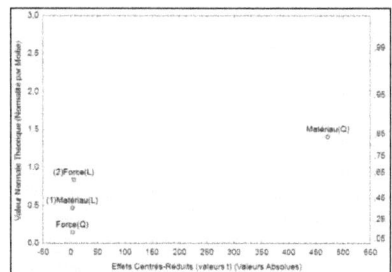

Figure B-72 : Normalité par moitié sur les contraintes
internes de la plaque de croissance supérieure de la vertèbre
L4 pour l'étude 2 sur le patient 2

131

Résultats pour le patient 3 :

En ce qui concerne l'angle de Cobb, le diagramme de Pareto et le tracé de la normalité par moitié sont les suivants :

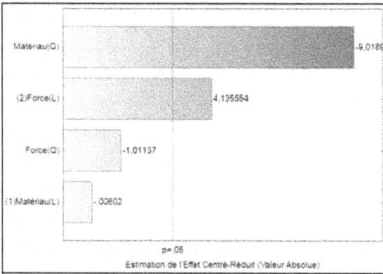

Figure B-73 : Diagramme de Pareto sur l'angle de Cobb milieu-thoracique pour l'étude 2 sur le patient 3

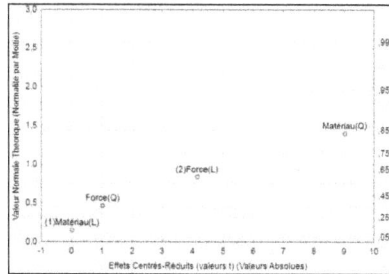

Figure B-74 : Normalité par moitié sur l'angle de Cobb milieu- thoracique pour l'étude 2 sur le patient 3

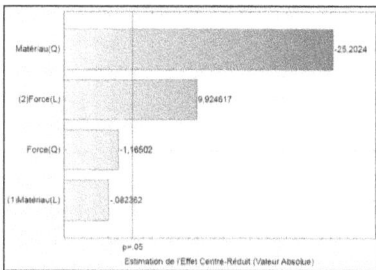

Figure B-75 : Diagramme de Pareto sur l'angle de Cobb bas-thoracique pour l'étude 2 sur le patient 3

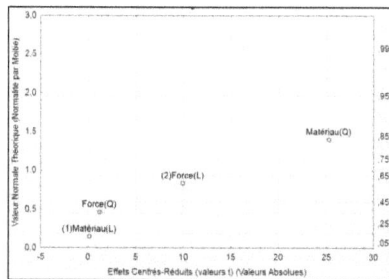

Figure B-76 : Normalité par moitié sur l'angle de Cobb bas-thoracique pour l'étude 2 sur le patient 3

En ce qui concerne la lordose lombaire, le diagramme de Pareto et le tracé de la normalité par moitié sont les suivants :

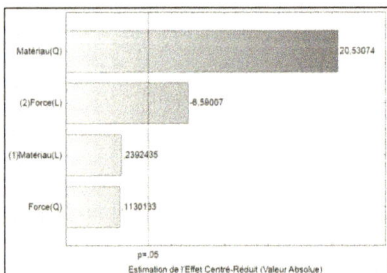

Figure B-77 : Diagramme de Pareto sur la lordose pour l'étude 2 sur le patient 3

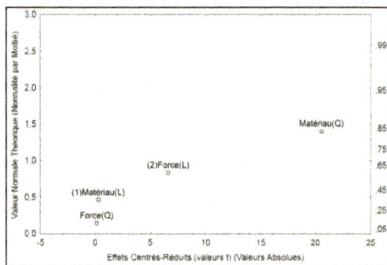

Figure B-78 : Normalité par moitié sur la lordose pour l'étude 2 sur le patient 3

En ce qui concerne la cyphose thoracique, le diagramme de Pareto et le tracé de la normalité par moitié sont les suivants :

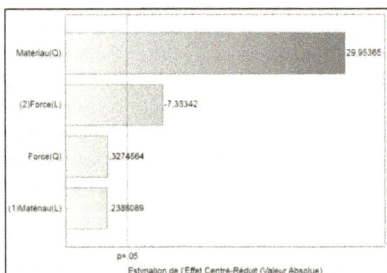

Figure B-79 : Diagramme de Pareto sur la cyphose pour l'étude 2 sur le patient 3

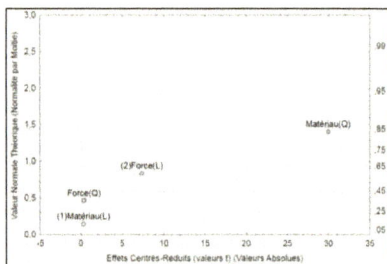

Figure B-80 : Normalité par moitié sur la cyphose pour l'étude 2 sur le patient 3

En ce qui concerne la cunéiformisation des disques intervertébraux, les diagrammes de Pareto et le tracé de la normalité par moitié sont les suivants :

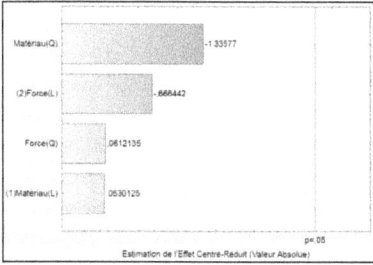

Figure B-81 : Diagramme de Pareto sur la cunéiformisation du disque intervertébral T5-T6 pour l'étude 2 sur le patient 3

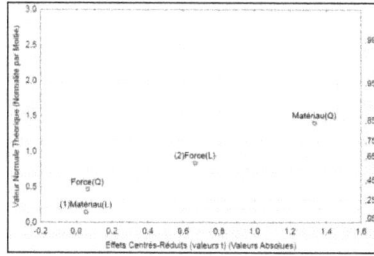

Figure B-82 : Normalité par moitié sur la cunéiformisation du disque intervertébral T5-T6 pour l'étude 2 sur le patient 3

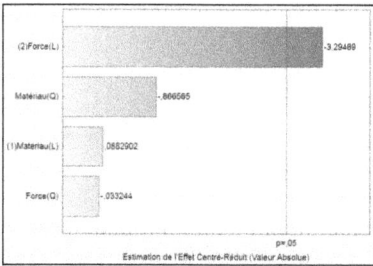

Figure B-83 : Diagramme de Pareto sur la cunéiformisation du disque intervertébral T6-T7 pour l'étude 2 sur le patient 3

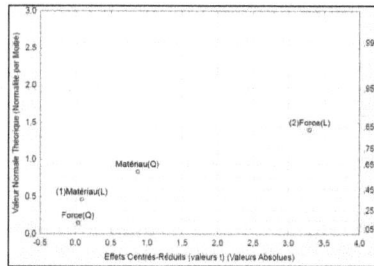

Figure B-84 : Normalité par moitié sur la cunéiformisation du disque intervertébral T6-T7 pour l'étude 2 sur le patient 3

134

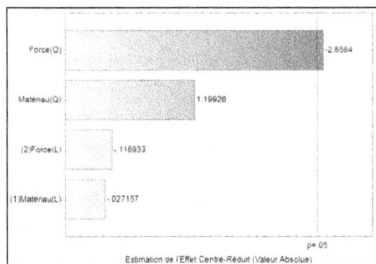

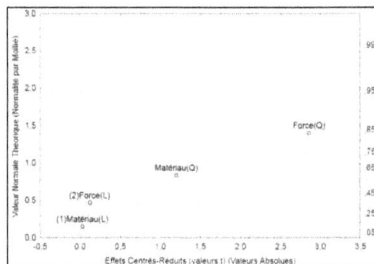

Figure B-85 : Diagramme de Pareto sur la cunéiformisation du disque intervertébral T7-T8 pour l'étude 2 sur le patient 3

Figure B-86 : Normalité par moitié sur la cunéiformisation du disque intervertébral T7-T8 pour l'étude 2 sur le patient 3

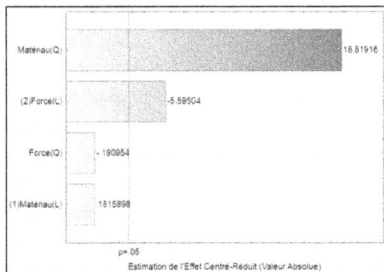

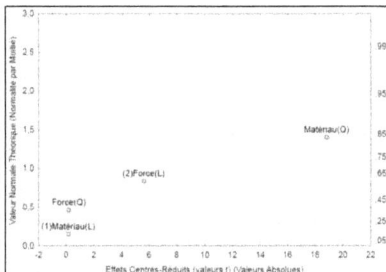

Figure B-87 : Diagramme de Pareto sur la cunéiformisation du disque intervertébral T8-T9 pour l'étude 2 sur le patient 3

Figure B-88 : Normalité par moitié sur la cunéiformisation du disque intervertébral T8-T9 pour l'étude 2 sur le patient 3

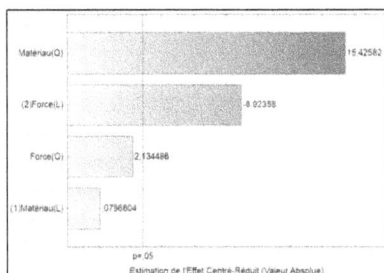

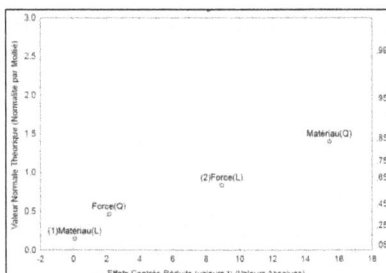

Figure B-89 : Diagramme de Pareto sur la cunéiformisation du disque intervertébral T9-T10 pour l'étude 2 sur le patient 3

Figure B-90 : Normalité par moitié sur la cunéiformisation du disque intervertébral T9-T10 pour l'étude 2 sur le patient 3

135

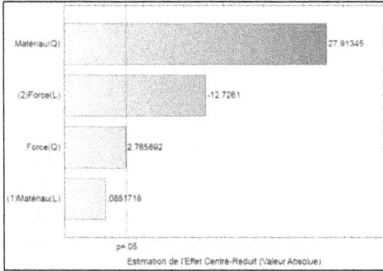

Figure B-91 : Diagramme de Pareto sur la cunéiformisation du disque intervertébral T10-T11 pour l'étude 2 sur le patient 3

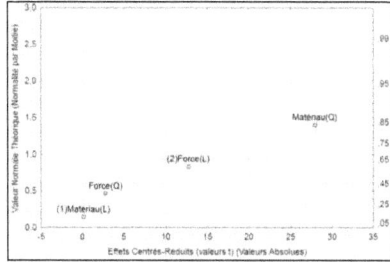

Figure B-92 : Normalité par moitié sur la cunéiformisation du disque intervertébral T10-T11 pour l'étude 2 sur le patient 3

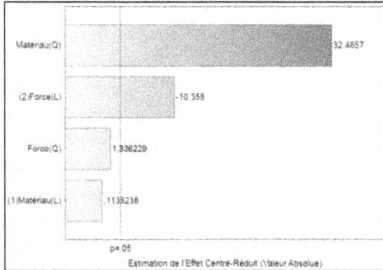

Figure B-93 : Diagramme de Pareto sur la cunéiformisation du disque intervertébral T11-T12 pour l'étude 2 sur le patient 3

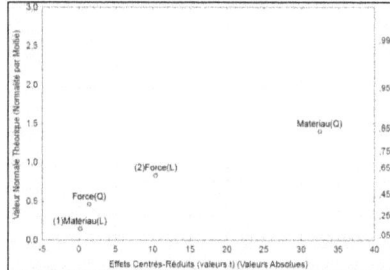

Figure B-94 : Normalité par moitié sur la cunéiformisation du disque intervertébral T11-12 pour l'étude 2 sur le patient 3

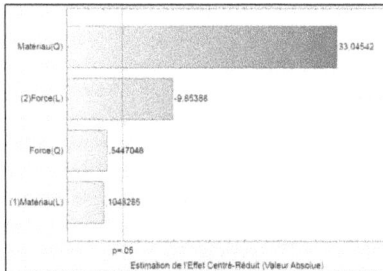

Figure B-95 : Diagramme de Pareto sur la cunéiformisation du disque intervertébral T12-L1 pour l'étude 2 sur le patient 3

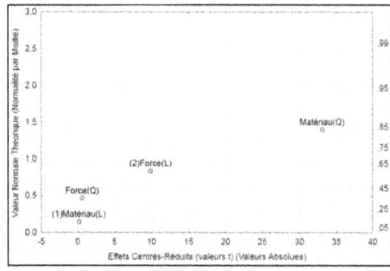

Figure B-96 : Normalité par moitié sur la cunéiformisation du disque intervertébral T12-L1 pour l'étude 2 sur le patient 3

136

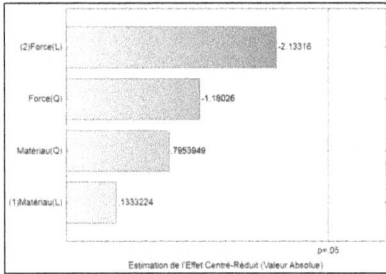

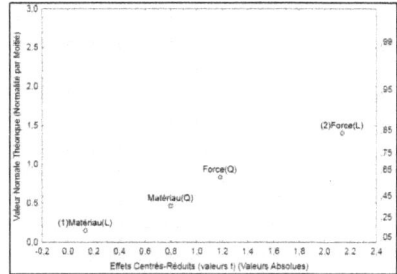

Figure B-97 : Diagramme de Pareto sur la cunéiformisation du disque intervertébral L1-L2 pour l'étude 2 sur le patient 3

Figure B-98 : Normalité par moitié sur la cunéiformisation du disque intervertébral L1-L2 pour l'étude 2 sur le patient 3

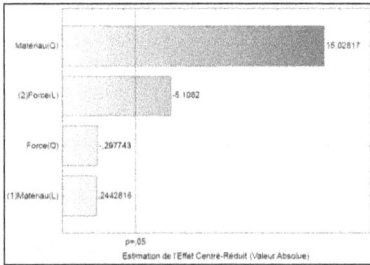

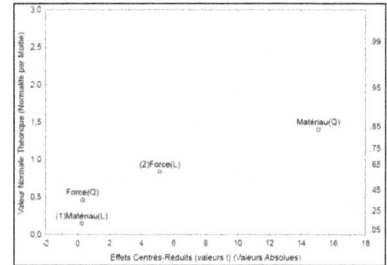

Figure B-99 : Diagramme de Pareto sur la cunéiformisation du disque intervertébral L2-L3 pour l'étude 2 sur le patient 3

Figure B-100 : Normalité par moitié sur la cunéiformisation du disque intervertébral L2-L3 pour l'étude 2 sur le patient 3

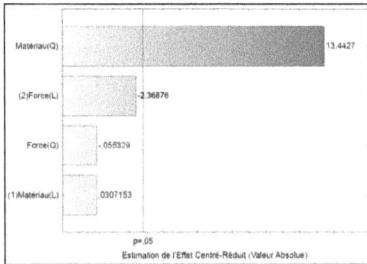

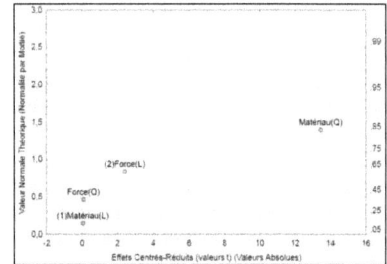

Figure B-101 : Diagramme de Pareto sur la cunéiformisation du disque intervertébral L3-L4 pour l'étude 2 sur le patient 3

Figure B-102 : Normalité par moitié sur la cunéiformisation du disque intervertébral L3-L4 pour l'étude 2 sur le patient 3

137

En ce qui concerne les contraintes internes dans les plaques de croissance, les diagrammes de Pareto et les tracés de la normalité par moitié sont les suivants :

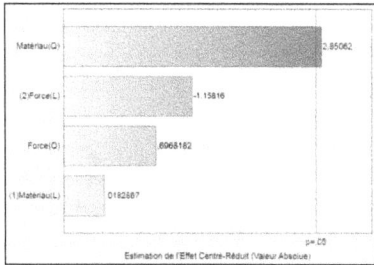

Figure B-103 : Diagramme de Pareto sur les contraintes internes de la plaque de croissance inférieure de la vertèbre T5 pour l'étude 2 sur le patient 3

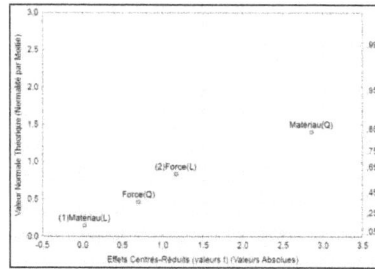

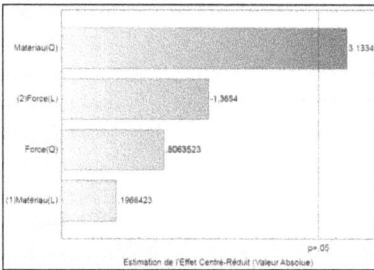

Figure B-104 : Normalité par moitié sur les contraintes internes de la plaque de croissance inférieure de la vertèbre T5 pour l'étude 2 sur le patient 3

Figure B-105 : Diagramme de Pareto sur les contraintes internes de la plaque de croissance supérieure de la vertèbre T6 pour l'étude 2 sur le patient 3

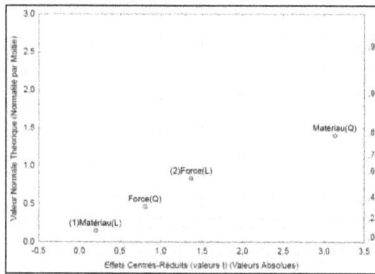

Figure B-106 : Normalité par moitié sur les contraintes internes de la plaque de croissance supérieure de la vertèbre T6 pour l'étude 2 sur le patient 3

138

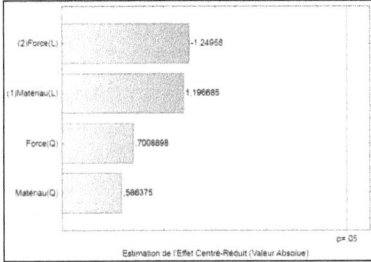

Figure B-107 : Diagramme de Pareto sur les contraintes internes de la plaque de croissance inférieure de la vertèbre T6 pour l'étude 2 sur le patient 3

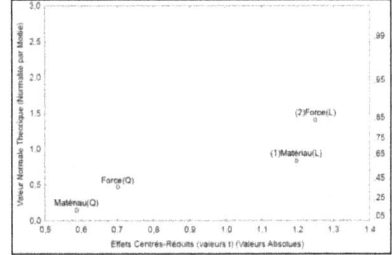

Figure B-108 : Normalité par moitié sur les contraintes internes de la plaque de croissance inférieure de la vertèbre T6 pour l'étude 2 sur le patient 3

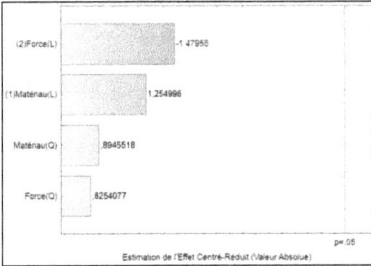

Figure B-109 : Diagramme de Pareto sur les contraintes internes de la plaque de croissance supérieure de la vertèbre T7 pour l'étude 2 sur le patient 3

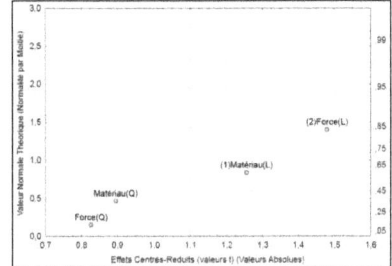

Figure B-110 : Normalité par moitié sur les contraintes internes de la plaque de croissance supérieure de la vertèbre T7 pour l'étude 2 sur le patient 3

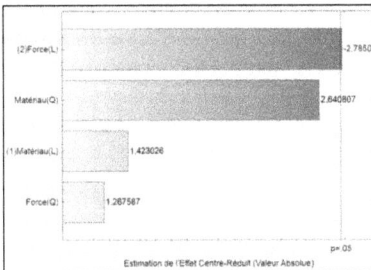

Figure B-111 : Diagramme de Pareto sur les contraintes internes de la plaque de croissance inférieure de la vertèbre T7 pour l'étude 2 sur le patient 3

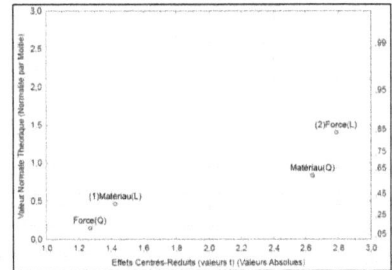

Figure B-112 : Normalité par moitié sur les contraintes internes de la plaque de croissance inférieure de la vertèbre T7 pour l'étude 2 sur le patient 3

139

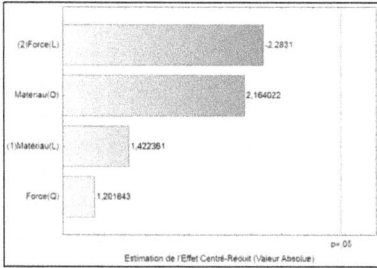

Figure B-113 : Diagramme de Pareto sur les contraintes internes de la plaque de croissance supérieure de la vertèbre T8 pour l'étude 2 sur le patient 3

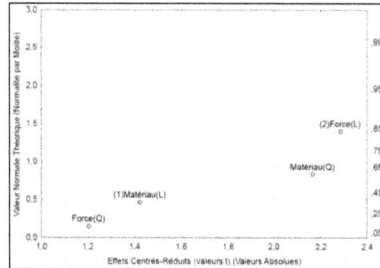

Figure B-114 : Normalité par moitié sur les contraintes internes de la plaque de croissance supérieure de la vertèbre T8 pour l'étude 2 sur le patient 3

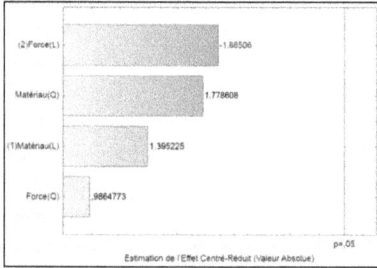

Figure B-115 : Diagramme de Pareto sur les contraintes internes de la plaque de croissance inférieure de la vertèbre T8 pour l'étude 2 sur le patient 3

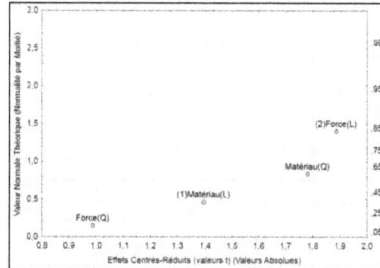

Figure B-116 : Normalité par moitié sur les contraintes internes de la plaque de croissance inférieure de la vertèbre T8 pour l'étude 2 sur le patient 3

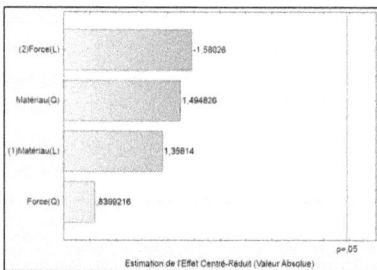

Figure B-117 : Diagramme de Pareto sur les contraintes internes de la plaque de croissance supérieure de la vertèbre T9 pour l'étude 2 sur le patient 3

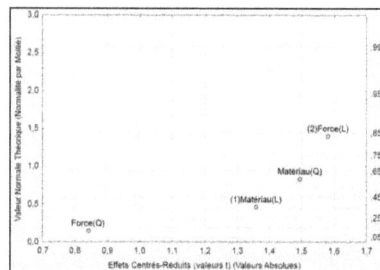

Figure B-118 : Normalité par moitié sur les contraintes internes de la plaque de croissance supérieure de la vertèbre T9 pour l'étude 2 sur le patient 3

140

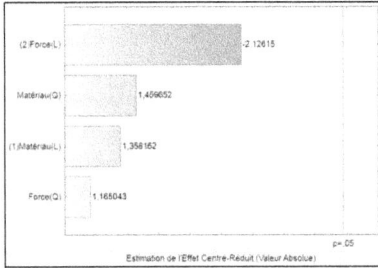

Figure B-119 : Diagramme de Pareto sur les contraintes internes de la plaque de croissance inférieure de la vertèbre T9 pour l'étude 2 sur le patient 3

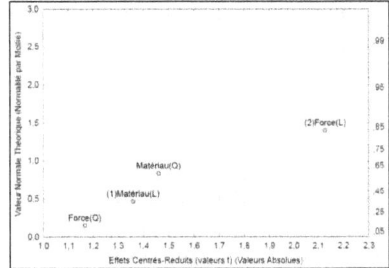

Figure B-120 : Normalité par moitié sur les contraintes internes de la plaque de croissance inférieure de la vertèbre T9 pour l'étude 2 sur le patient 3

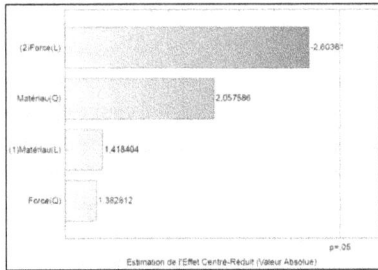

Figure B-121 : Diagramme de Pareto sur les contraintes internes de la plaque de croissance supérieure de la vertèbre T10 pour l'étude 2 sur le patient 3

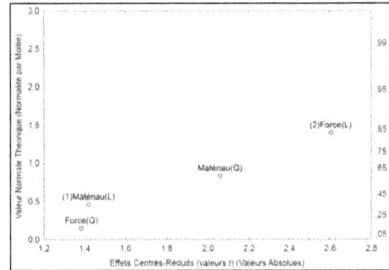

Figure B-122 : Normalité par moitié sur les contraintes internes de la plaque de croissance supérieure de la vertèbre T10 pour l'étude 2 sur le patient 3

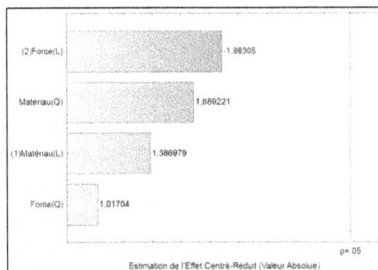

Figure B-123 : Diagramme de Pareto sur les contraintes internes de la plaque de croissance inférieure de la vertèbre T10 pour l'étude 2 sur le patient 3

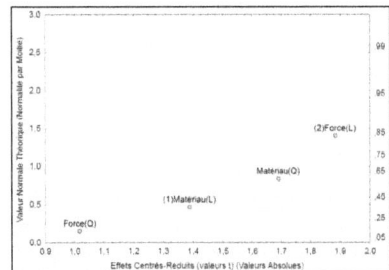

Figure B-124 : Normalité par moitié sur les contraintes internes de la plaque de croissance inférieure de la vertèbre T10 pour l'étude 2 sur le patient 3

141

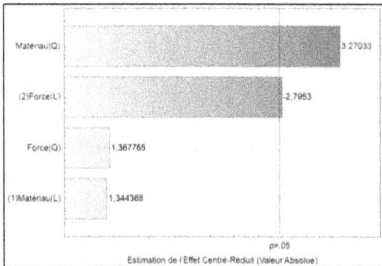

Figure B-125 : Diagramme de Pareto sur les contraintes
internes de la plaque de croissance supérieure de la vertèbre
T11 pour l'étude 2 sur le patient 3

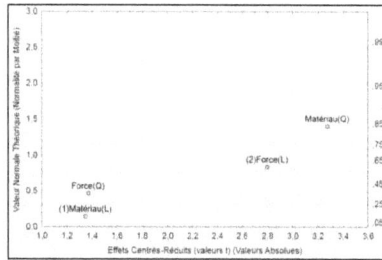

Figure B-126 : Normalité par moitié sur les contraintes
internes de la plaque de croissance supérieure de la vertèbre
T11 pour l'étude 2 sur le patient 3

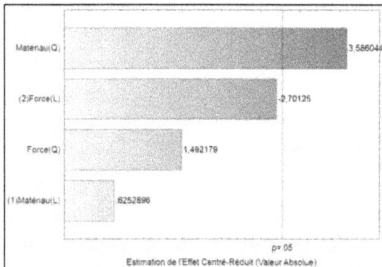

Figure B-127 : Diagramme de Pareto sur les contraintes
internes de la plaque de croissance inférieure de la vertèbre
T11 pour l'étude 2 sur le patient 3

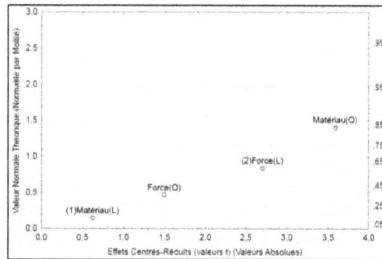

Figure B-128 : Normalité par moitié sur les contraintes
internes de la plaque de croissance inférieure de la vertèbre
T11 pour l'étude 2 sur le patient 3

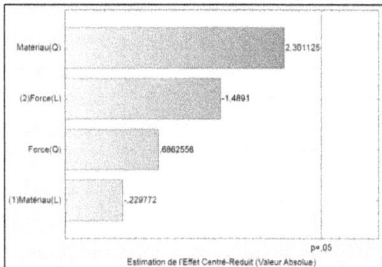

Figure B-129 : Diagramme de Pareto sur les contraintes
internes de la plaque de croissance supérieure de la vertèbre
T12 pour l'étude 2 sur le patient 3

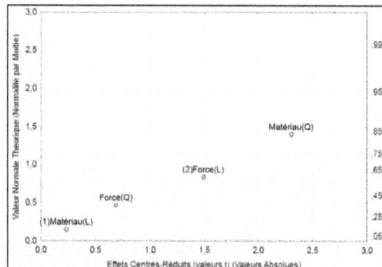

Figure B-130 : Normalité par moitié sur les contraintes
internes de la plaque de croissance supérieure de la vertèbre
T12 pour l'étude 2 sur le patient 3

142

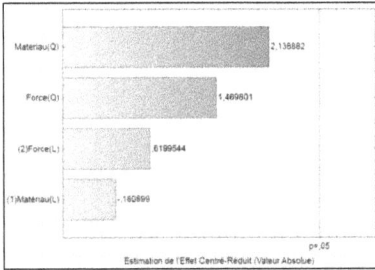

Figure B-131 : Diagramme de Pareto sur les contraintes internes de la plaque de croissance inférieure de la vertèbre T12 pour l'étude 2 sur le patient 3

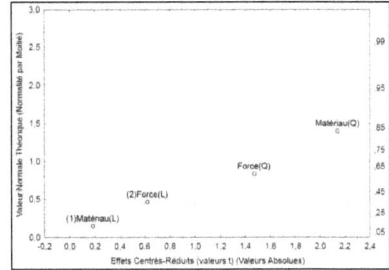

Figure B-132 : Normalité par moitié sur les contraintes internes de la plaque de croissance inférieure de la vertèbre T12 pour l'étude 2 sur le patient 3

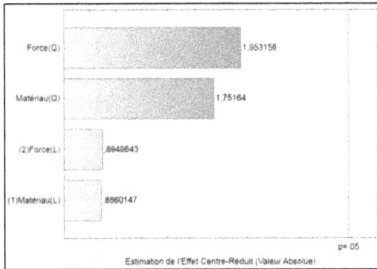

Figure B-133 : Diagramme de Pareto sur les contraintes internes de la plaque de croissance supérieure de la vertèbre L1 pour l'étude 2 sur le patient 3

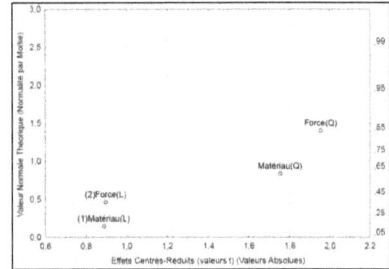

Figure B-134 : Normalité par moitié sur les contraintes internes de la plaque de croissance supérieure de la vertèbre L1 pour l'étude 2 sur le patient 3

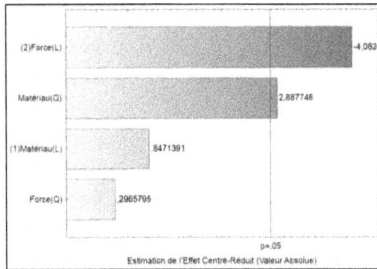

Figure B-135 : Diagramme de Pareto sur les contraintes internes de la plaque de croissance inférieure de la vertèbre L1 pour l'étude 2 sur le patient 3

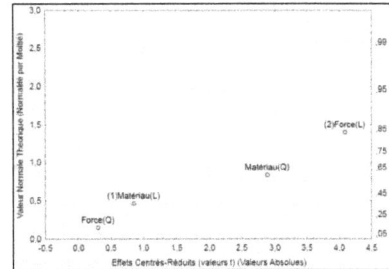

Figure B-136 : Normalité par moitié sur les contraintes internes de la plaque de croissance inférieure de la vertèbre L1 pour l'étude 2 sur le patient 3

143

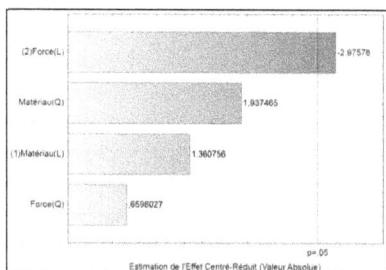

Figure B-137 : Diagramme de Pareto sur les contraintes
internes de la plaque de croissance supérieure de la vertèbre
L2 pour l'étude 2 sur le patient 3

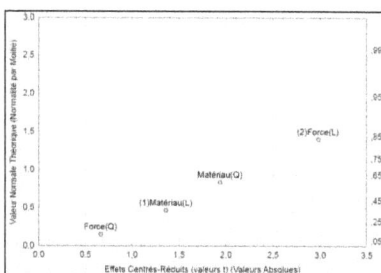

Figure B-138 : Normalité par moitié sur les contraintes
internes de la plaque de croissance supérieure de la vertèbre
L2 pour l'étude 2 sur le patient 3

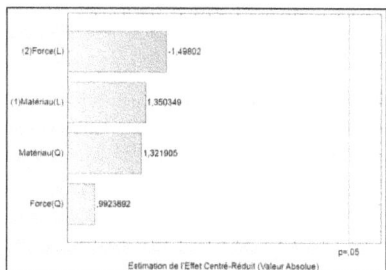

Figure B-139 : Diagramme de Pareto sur les contraintes
internes de la plaque de croissance inférieure de la vertèbre
L2 pour l'étude 2 sur le patient 3

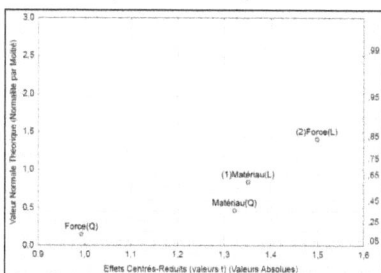

Figure B-140 : Normalité par moitié sur les contraintes
internes de la plaque de croissance inférieure de la vertèbre
L2 pour l'étude 2 sur le patient 3

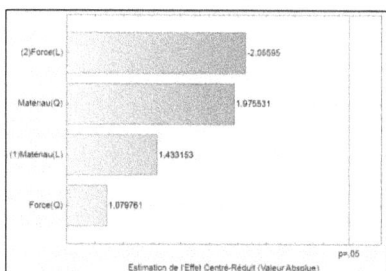

Figure B-141 : Diagramme de Pareto sur les contraintes
internes de la plaque de croissance supérieure de la vertèbre
L3 pour l'étude 2 sur le patient 3

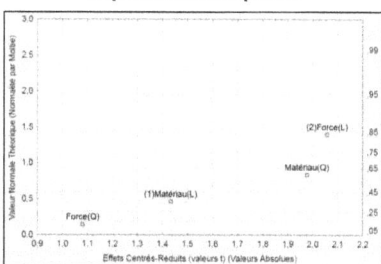

Figure B-142 : Normalité par moitié sur les contraintes
internes de la plaque de croissance supérieure de la vertèbre
L3 pour l'étude 2 sur le patient 3

144

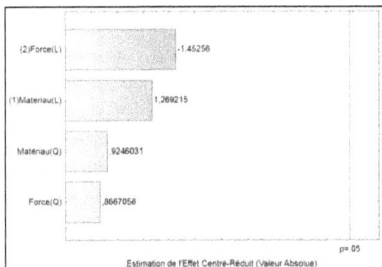

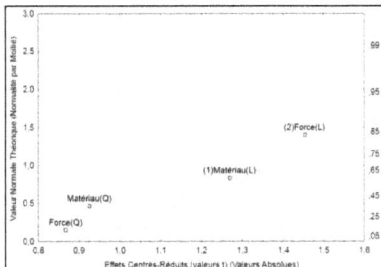

Figure B-143 : Diagramme de Pareto sur les contraintes internes de la plaque de croissance inférieure de la vertèbre L3 pour l'étude 2 sur le patient 3

Figure B-144 : Normalité par moitié sur les contraintes internes de la plaque de croissance inférieure de la vertèbre L3 pour l'étude 2 sur le patient 3

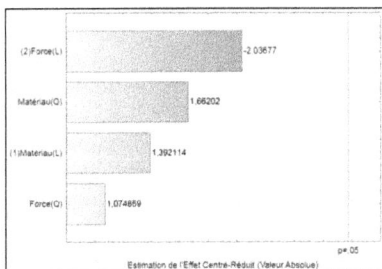

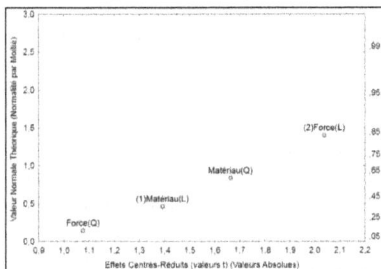

Figure B-145 : Diagramme de Pareto sur les contraintes internes de la plaque de croissance supérieure de la vertèbre L4 pour l'étude 2 sur le patient 3

Figure B-146 : Normalité par moitié sur les contraintes internes de la plaque de croissance supérieure de la vertèbre L4 pour l'étude 2 sur le patient 3

145

Résultats pour le patient 4 :

En ce qui concerne l'angle de Cobb, le diagramme de Pareto et le tracé de la normalité par moitié sont les suivants :

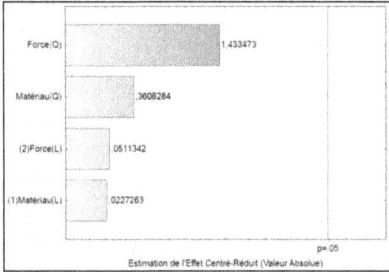

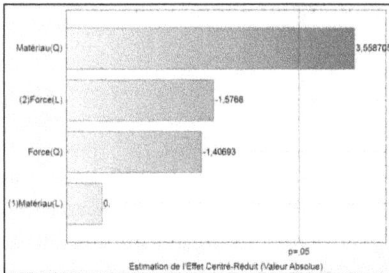

Figure B-147 : Diagramme de Pareto sur l'angle de Cobb pour l'étude 2 sur le patient 4

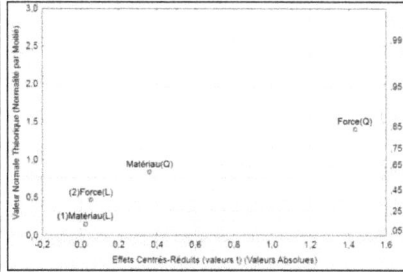

Figure B-148 : Normalité par moitié sur l'angle de Cobb pour l'étude 2 sur le patient 4

En ce qui concerne la lordose lombaire, le diagramme de Pareto et le tracé de la normalité par moitié sont les suivants :

Figure B-149 : Diagramme de Pareto sur la lordose pour l'étude 2 sur le patient 4

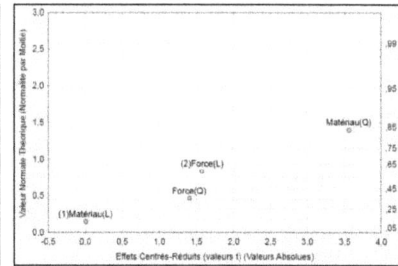

Figure B-150 : Normalité par moitié sur la lordose pour l'étude 2 sur le patient 4

146

En ce qui concerne la cyphose thoracique, le diagramme de Pareto et le tracé de la normalité par moitié sont les suivants :

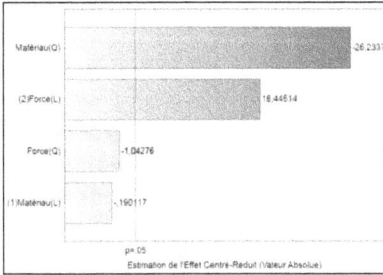

Figure B-151 : Diagramme de Pareto sur la cyphose pour l'étude 2 sur le patient 4

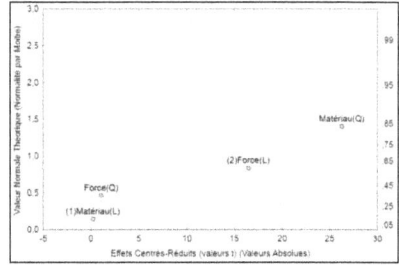

Figure B-152 : Normalité par moitié sur la cyphose pour l'étude 2 sur le patient 4

En ce qui concerne la cunéiformisation des disques intervertébraux, les diagrammes de Pareto et le tracé de la normalité par moitié sont les suivants :

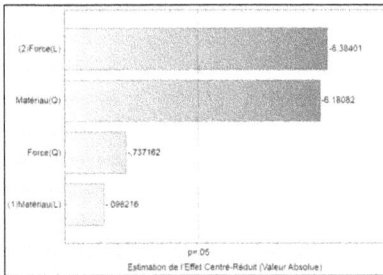

Figure B-153 : Diagramme de Pareto sur la cunéiformisation du disque intervertébral T10-T11 pour l'étude 2 sur le patient 4

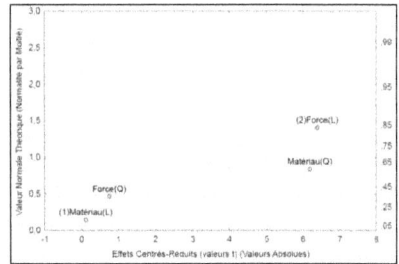

Figure B-154 : Normalité par moitié sur la cunéiformisation du disque intervertébral T10-T11 pour l'étude 2 sur le patient 4

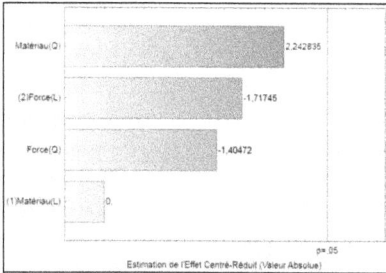

Figure B-155 : Diagramme de Pareto sur la
cunéiformisation du disque intervertébral T11-T12 pour
l'étude 2 sur le patient 4

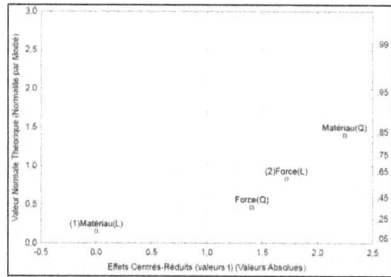

Figure B-156 : Normalité par moitié sur la cunéiformisation
du disque intervertébral T11-T12 pour l'étude 2 sur le
patient 4

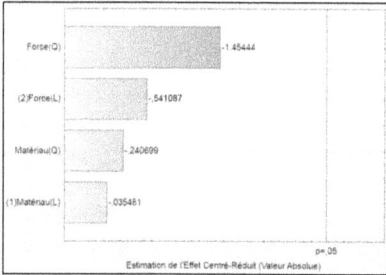

Figure B-157 : Diagramme de Pareto sur la
cunéiformisation du disque intervertébral T12-L1 pour
l'étude 2 sur le patient 4

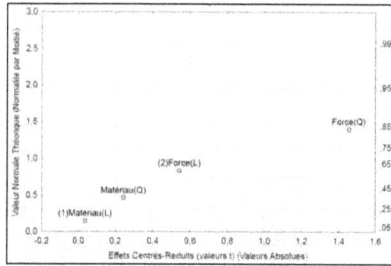

Figure B-158 : Normalité par moitié sur la cunéiformisation
du disque intervertébral T12-L1 pour l'étude 2 sur le
patient 4

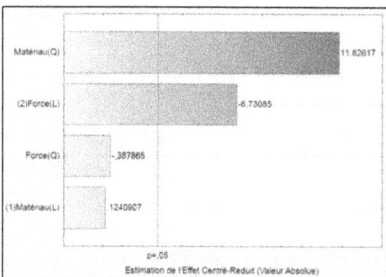

Figure B-159 : Diagramme de Pareto sur la
cunéiformisation du disque intervertébral L1-L2 pour
l'étude 2 sur le patient 4

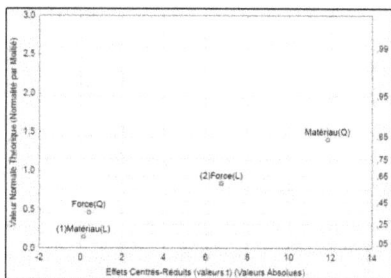

Figure B-160 : Normalité par moitié sur la cunéiformisation
du disque intervertébral L1-L2 pour l'étude 2 sur le patient
4

148

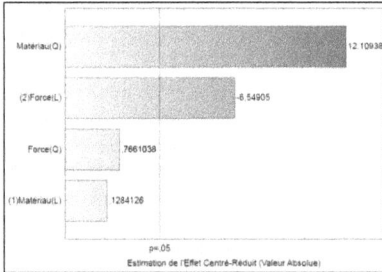

Figure B-161 : Diagramme de Pareto sur la
cunéiformisation du disque intervertébral L3-L4 pour
l'étude 2 sur le patient 4

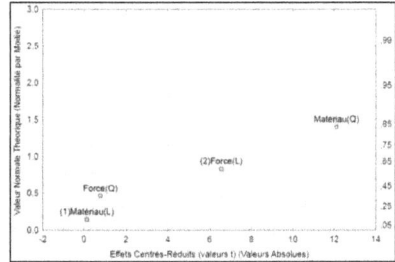

Figure B-162 : Normalité par moitié sur la cunéiformisation
du disque intervertébral L3-L4 pour l'étude 2 sur le patient
4

En ce qui concerne les contraintes internes dans les plaques de croissance, les
diagrammes de Pareto et les tracés de la normalité par moitié sont les suivants :

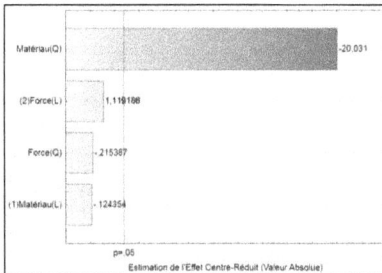

Figure B-163 : Diagramme de Pareto sur les contraintes
internes de la plaque de croissance inférieure de la vertèbre
T10 pour l'étude 2 sur le patient 4

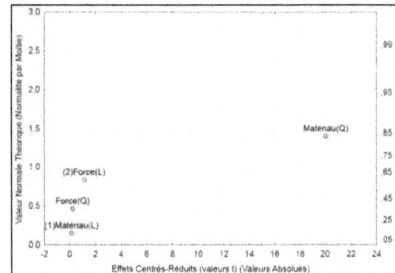

Figure B-164 : Normalité par moitié sur les contraintes
internes de la plaque de croissance inférieure de la vertèbre
T10 pour l'étude 2 sur le patient 4

149

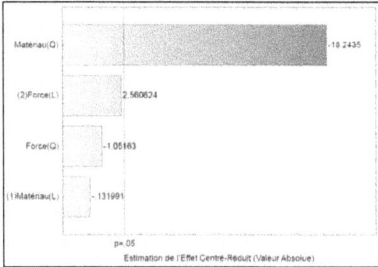

Figure B-165 : Diagramme de Pareto sur les contraintes internes de la plaque de croissance supérieure de la vertèbre T11 pour l'étude 2 sur le patient 4

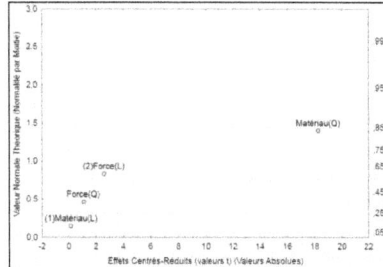

Figure B-166 : Normalité par moitié sur les contraintes internes de la plaque de croissance supérieure de la vertèbre T11 pour l'étude 2 sur le patient 4

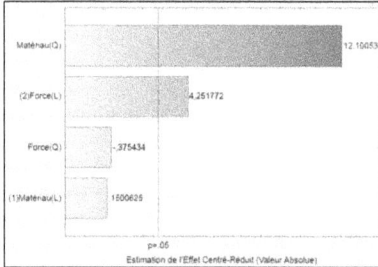

Figure B-167 : Diagramme de Pareto sur les contraintes internes de la plaque de croissance inférieure de la vertèbre T11 pour l'étude 2 sur le patient 4

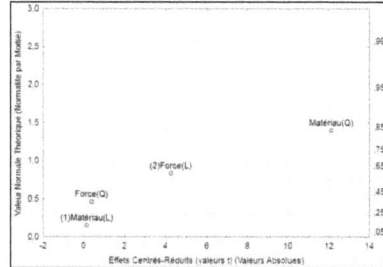

Figure B-168 : Normalité par moitié sur les contraintes internes de la plaque de croissance inférieure de la vertèbre T11 pour l'étude 2 sur le patient 4

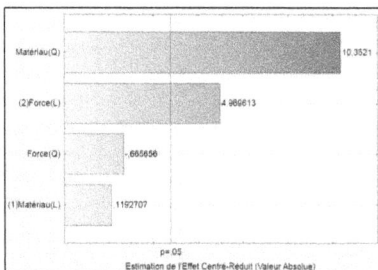

Figure B-169 : Diagramme de Pareto sur les contraintes internes de la plaque de croissance supérieure de la vertèbre T12 pour l'étude 2 sur le patient 4

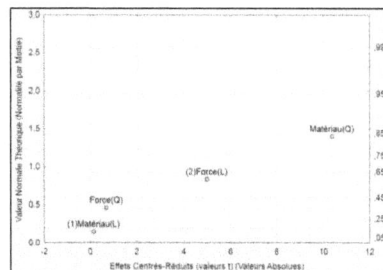

Figure B-170 : Normalité par moitié sur les contraintes internes de la plaque de croissance supérieure de la vertèbre T12 pour l'étude 2 sur le patient 4

150

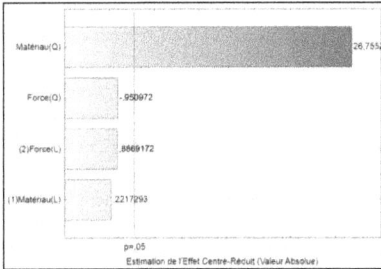

Figure B-171 : Diagramme de Pareto sur les contraintes internes de la plaque de croissance inférieure de la vertèbre T12 pour l'étude 2 sur le patient 4

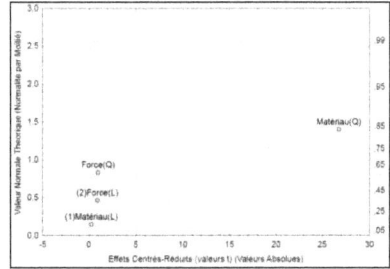

Figure B-172 : Normalité par moitié sur les contraintes internes de la plaque de croissance inférieure de la vertèbre T12 pour l'étude 2 sur le patient 4

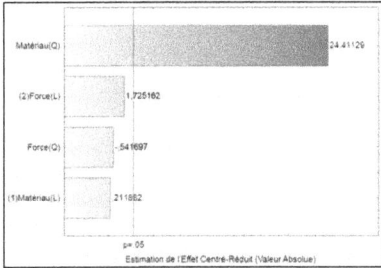

Figure B-173 : Diagramme de Pareto sur les contraintes internes de la plaque de croissance supérieure de la vertèbre L1 pour l'étude 2 sur le patient 4

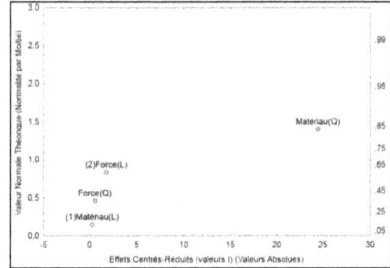

Figure B-174 : Normalité par moitié sur les contraintes internes de la plaque de croissance supérieure de la vertèbre L1 pour l'étude 2 sur le patient 4

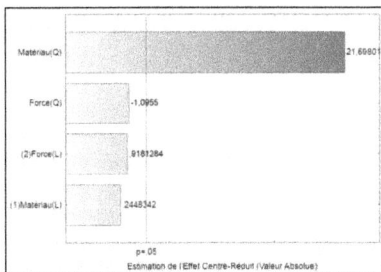

Figure B-175 : Diagramme de Pareto sur les contraintes internes de la plaque de croissance inférieure de la vertèbre L1 pour l'étude 2 sur le patient 4

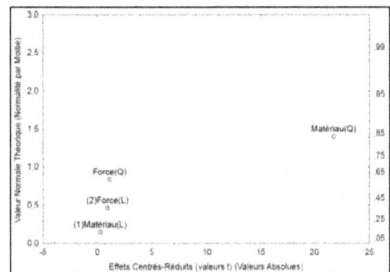

Figure B-176 : Normalité par moitié sur les contraintes internes de la plaque de croissance inférieure de la vertèbre L1 pour l'étude 2 sur le patient 4

151

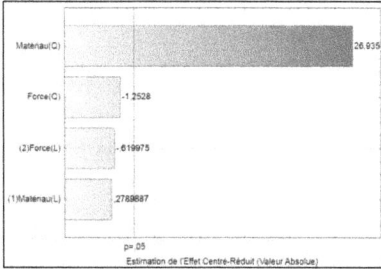

Figure B-177 : Diagramme de Pareto sur les contraintes internes de la plaque de croissance supérieure de la vertèbre L2 pour l'étude 2 sur le patient 4

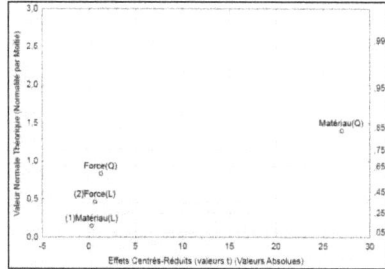

Figure B-178 : Normalité par moitié sur les contraintes internes de la plaque de croissance supérieure de la vertèbre L2 pour l'étude 2 sur le patient 4

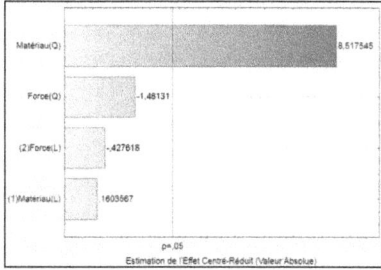

Figure B-179 : Diagramme de Pareto sur les contraintes internes de la plaque de croissance inférieure de la vertèbre L2 pour l'étude 2 sur le patient 4

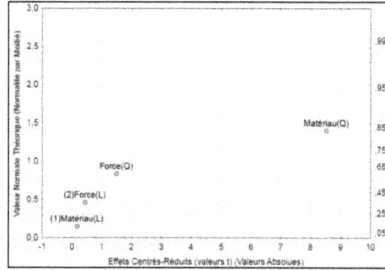

Figure B-180 : Normalité par moitié sur les contraintes internes de la plaque de croissance inférieure de la vertèbre L2 pour l'étude 2 sur le patient 4

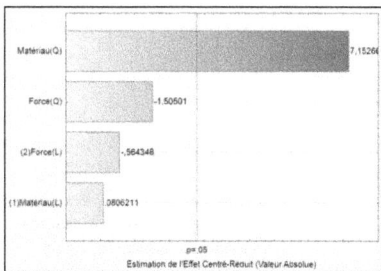

Figure B-181 : Diagramme de Pareto sur les contraintes internes de la plaque de croissance supérieure de la vertèbre L3 pour l'étude 2 sur le patient 4

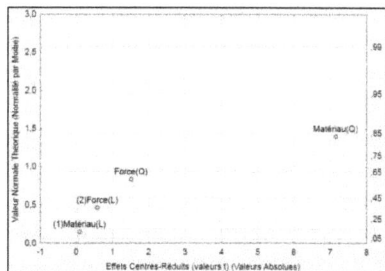

Figure B-182 : Normalité par moitié sur les contraintes internes de la plaque de croissance supérieure de la vertèbre L3 pour l'étude 2 sur le patient 4

152

Résultats pour le patient 5 :

En ce qui concerne l'angle de Cobb, le diagramme de Pareto et le tracé de la normalité par moitié sont les suivants :

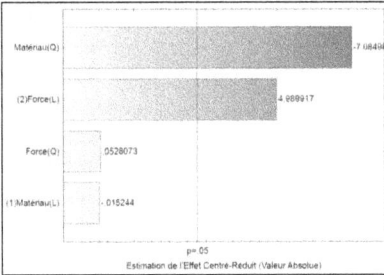

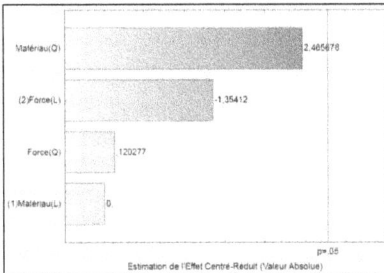

Figure B-183 : Diagramme de Pareto sur l'angle de Cobb pour l'étude 2 sur le patient 5

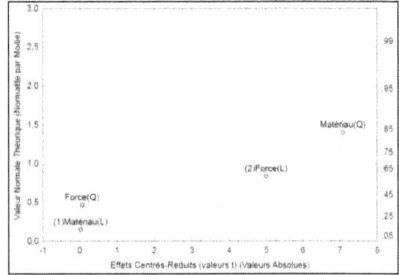

Figure B-184 : Normalité par moitié sur l'angle de Cobb pour l'étude 2 sur le patient 5

En ce qui concerne la lordose lombaire, le diagramme de Pareto et le tracé de la normalité par moitié sont les suivants :

Figure B-185 : Diagramme de Pareto sur la lordose pour l'étude 2 sur le patient 5

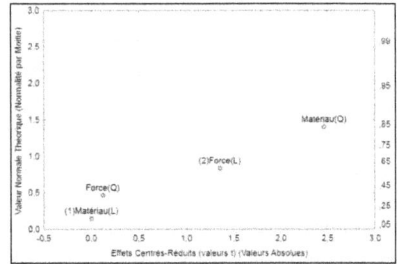

Figure B-186 : Normalité par moitié sur la lordose pour l'étude 2 sur le patient 5

153

En ce qui concerne la cyphose thoracique, le diagramme de Pareto et le tracé de la normalité par moitié sont les suivants :

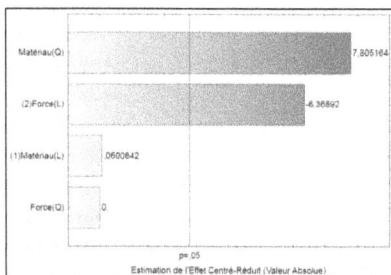

Figure B-187 : Diagramme de Pareto sur la cyphose pour l'étude 2 sur le patient 5

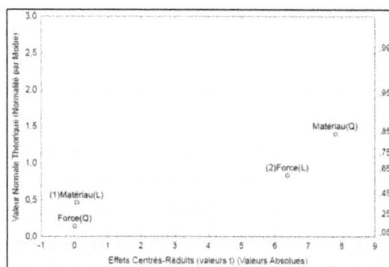

Figure B-188 : Normalité par moitié sur la cyphose pour l'étude 2 sur le patient 5

En ce qui concerne la cunéiformisation des disques intervertébraux, les diagrammes de Pareto et le tracé de la normalité par moitié sont les suivants :

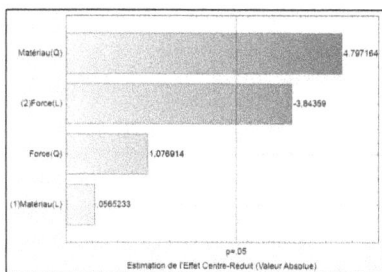

Figure B-189 : Diagramme de Pareto sur la cunéiformisation du disque intervertébral T10-T11 pour l'étude 2 sur le patient 5

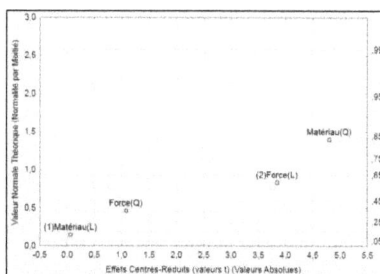

Figure B-190 : Normalité par moitié sur la cunéiformisation du disque intervertébral T10-T11 pour l'étude 2 sur le patient 5

154

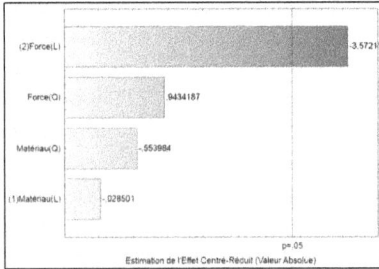

Figure B-191 : Diagramme de Pareto sur la cunéiformisation du disque intervertébral T11-T12 pour l'étude 2 sur le patient 5

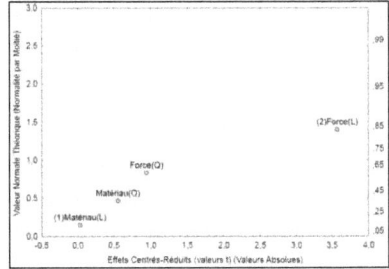

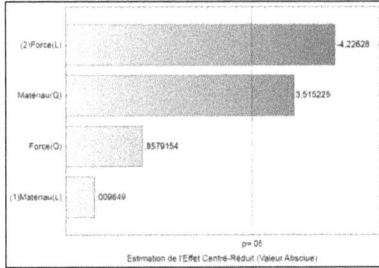

Figure B-192 : Normalité par moitié sur la cunéiformisation du disque intervertébral T11-T12 pour l'étude 2 sur le patient 5

Figure B-193 : Diagramme de Pareto sur la cunéiformisation du disque intervertébral T12-L1 pour l'étude 2 sur le patient 5

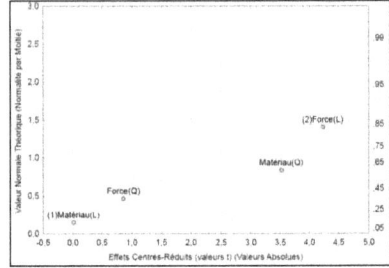

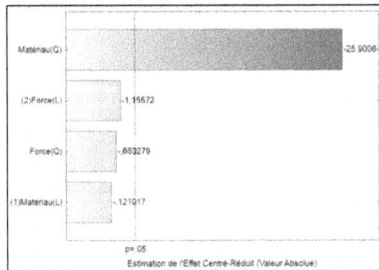

Figure B-194 : Normalité par moitié sur la cunéiformisation du disque intervertébral T12-L1 pour l'étude 2 sur le patient 5

Figure B-195 : Diagramme de Pareto sur la cunéiformisation du disque intervertébral L1-L2 pour l'étude 2 sur le patient 5

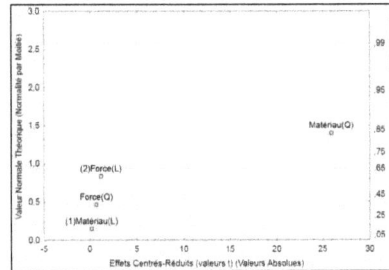

Figure B-196 : Normalité par moitié sur la cunéiformisation du disque intervertébral L1-L2 pour l'étude 2 sur le patient 5

155

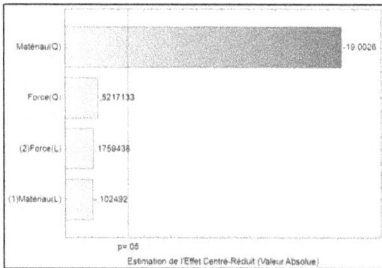

Figure B-197 : Diagramme de Pareto sur la
cunéiformisation du disque intervertébral L2-L3 pour
l'étude 2 sur le patient 5

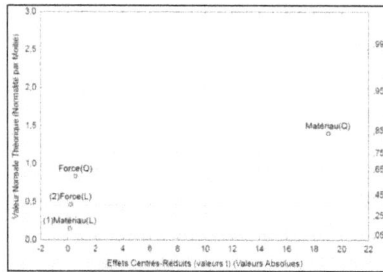

Figure B-198 : Normalité par moitié sur la cunéiformisation
du disque intervertébral L2-L3 pour l'étude 2 sur le patient
5

En ce qui concerne les contraintes internes dans les plaques de croissance, les
diagrammes de Pareto et les tracés de la normalité par moitié sont les suivants :

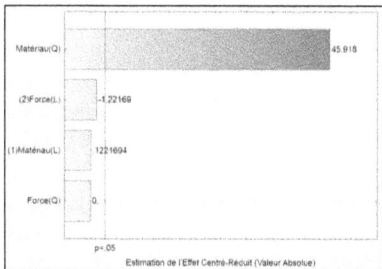

Figure B-199 : Diagramme de Pareto sur les contraintes
internes de la plaque de croissance inférieure de la vertèbre
T10 pour l'étude 2 sur le patient 5

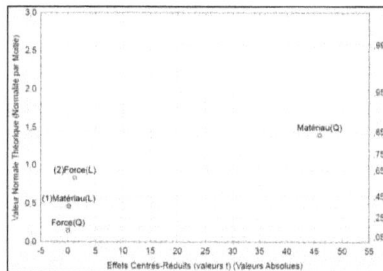

Figure B-200 : Normalité par moitié sur les contraintes
internes de la plaque de croissance inférieure de la vertèbre
T10 pour l'étude 2 sur le patient 5

156

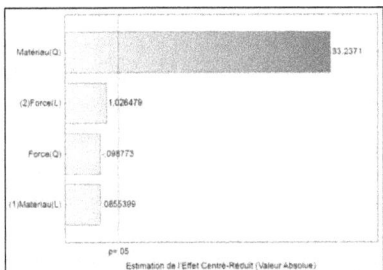

Figure B-201 : Diagramme de Pareto sur les contraintes internes de la plaque de croissance supérieure de la vertèbre T11 pour l'étude 2 sur le patient 5

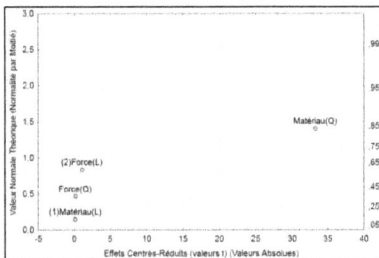

Figure B-202 : Normalité par moitié sur les contraintes internes de la plaque de croissance supérieure de la vertèbre T11 pour l'étude 2 sur le patient 5

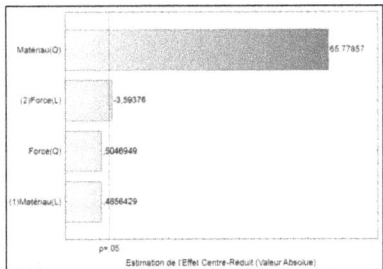

Figure B-203 : Diagramme de Pareto sur les contraintes internes de la plaque de croissance inférieure de la vertèbre T11 pour l'étude 2 sur le patient 5

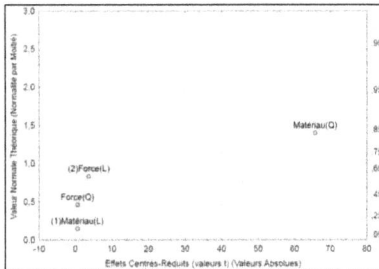

Figure B-204 : Normalité par moitié sur les contraintes internes de la plaque de croissance inférieure de la vertèbre T11 pour l'étude 2 sur le patient 5

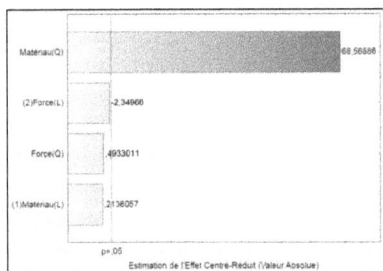

Figure B-205 : Diagramme de Pareto sur les contraintes internes de la plaque de croissance supérieure de la vertèbre T12 pour l'étude 2 sur le patient 5

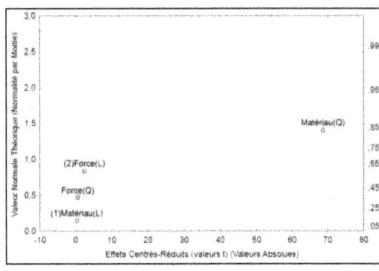

Figure B-206 : Normalité par moitié sur les contraintes internes de la plaque de croissance supérieure de la vertèbre T12 pour l'étude 2 sur le patient 5

157

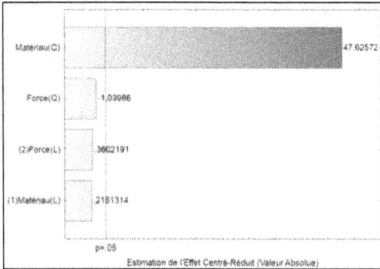

Figure B-207 : Diagramme de Pareto sur les contraintes internes de la plaque de croissance inférieure de la vertèbre T12 pour l'étude 2 sur le patient 5

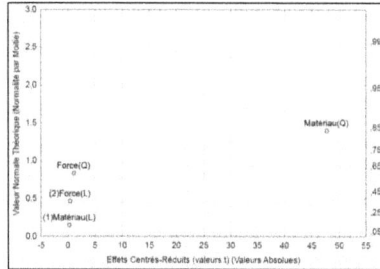

Figure B-208 : Normalité par moitié sur les contraintes internes de la plaque de croissance inférieure de la vertèbre T12 pour l'étude 2 sur le patient 5

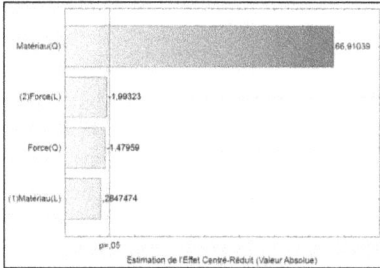

Figure B-209 : Diagramme de Pareto sur les contraintes internes de la plaque de croissance supérieure de la vertèbre L1 pour l'étude 2 sur le patient 5

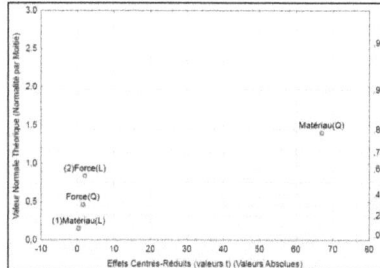

Figure B-210 : Normalité par moitié sur les contraintes internes de la plaque de croissance supérieure de la vertèbre L1 pour l'étude 2 sur le patient 5

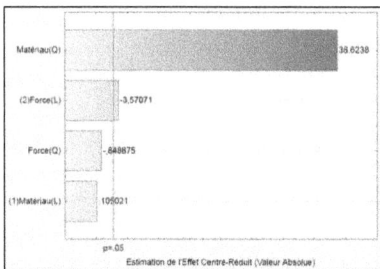

Figure B-211 : Diagramme de Pareto sur les contraintes internes de la plaque de croissance inférieure de la vertèbre L1 pour l'étude 2 sur le patient 5

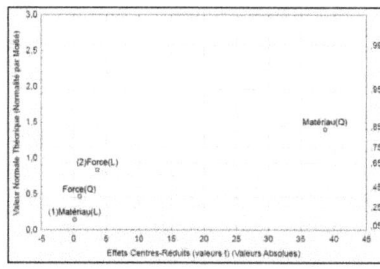

Figure B-212 : Normalité par moitié sur les contraintes internes de la plaque de croissance inférieure de la vertèbre L1 pour l'étude 2 sur le patient 5

158

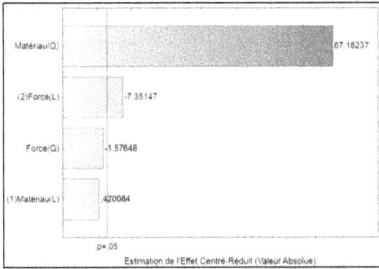

Figure B-213 : Diagramme de Pareto sur les contraintes
internes de la plaque de croissance supérieure de la vertèbre
L2 pour l'étude 2 sur le patient 5

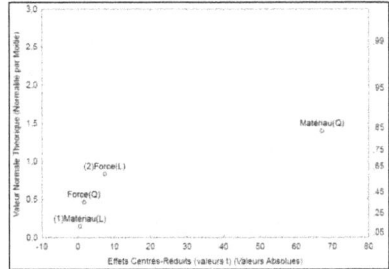

Figure B-214 : Normalité par moitié sur les contraintes
internes de la plaque de croissance supérieure de la vertèbre
L2 pour l'étude 2 sur le patient 5

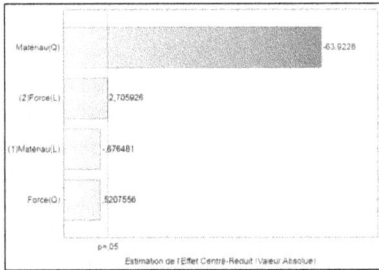

Figure B-215 : Diagramme de Pareto sur les contraintes
internes de la plaque de croissance inférieure de la vertèbre
L2 pour l'étude 2 sur le patient 5

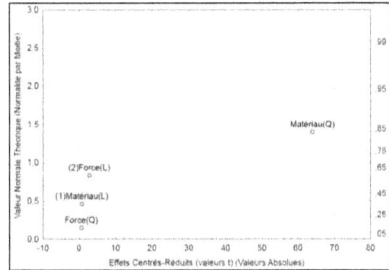

Figure B-216 : Normalité par moitié sur les contraintes
internes de la plaque de croissance inférieure de la vertèbre
L2 pour l'étude 2 sur le patient 5

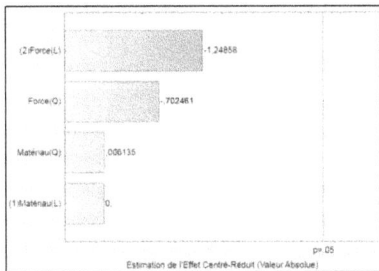

Figure B-217 : Diagramme de Pareto sur les contraintes
internes de la plaque de croissance supérieure de la vertèbre
L3 pour l'étude 2 sur le patient 5

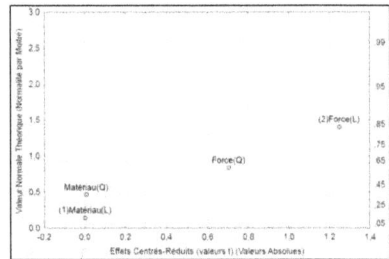

Figure B-218 : Normalité par moitié sur les contraintes
internes de la plaque de croissance supérieure de la vertèbre
L3 pour l'étude 2 sur le patient 5

159

Résultats pour le patient 6 :

En ce qui concerne l'angle de Cobb, le diagramme de Pareto et le tracé de la normalité par moitié sont les suivants :

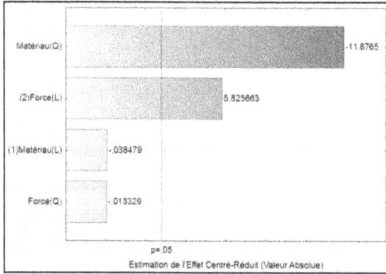

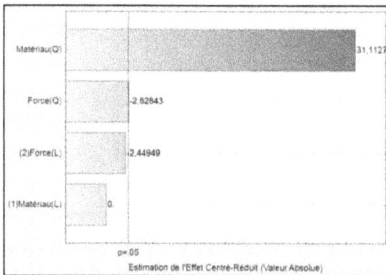

Figure B-219 : Diagramme de Pareto sur l'angle de Cobb pour l'étude 2 sur le patient 6

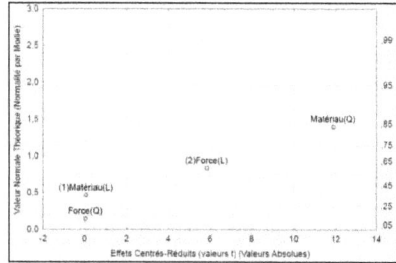

Figure B-220 : Normalité par moitié sur l'angle de Cobb pour l'étude 2 sur le patient 6

En ce qui concerne la lordose lombaire, le diagramme de Pareto et le tracé de la normalité par moitié sont les suivants :

Figure B-221 : Diagramme de Pareto sur la lordose pour l'étude 2 sur le patient 6

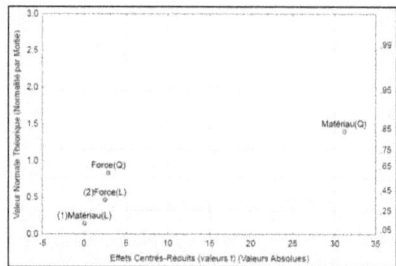

Figure B-222 : Normalité par moitié sur la lordose pour l'étude 2 sur le patient 6

160

En ce qui concerne la cyphose thoracique, le diagramme de Pareto et le tracé de la normalité par moitié sont les suivants :

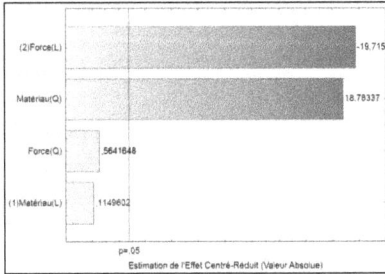

Figure B-223 : Diagramme de Pareto sur la cyphose pour l'étude 2 sur le patient 6

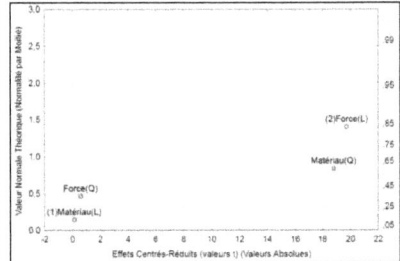

Figure B-224 : Normalité par moitié sur la cyphose pour l'étude 2 sur le patient 6

En ce qui concerne la cunéiformisation des disques intervertébraux, les diagrammes de Pareto et le tracé de la normalité par moitié sont les suivants :

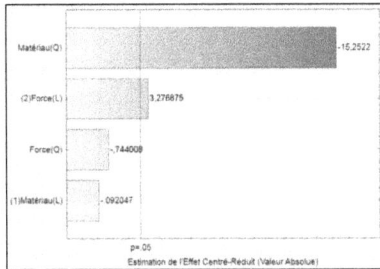

Figure B-225 : Diagramme de Pareto sur la cunéiformisation du disque intervertébral T11-T12 pour l'étude 2 sur le patient 6

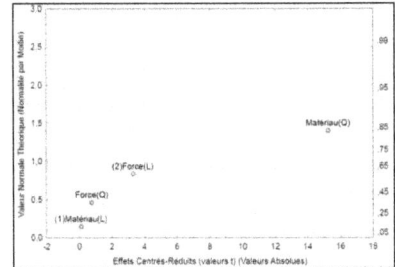

Figure B-226 : Normalité par moitié sur la cunéiformisation du disque intervertébral T11-T12 pour l'étude 2 sur le patient 6

161

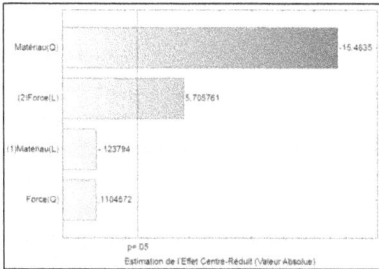

Figure B-227 : Diagramme de Pareto sur la cunéiformisation du disque intervertébral T12-L1 pour l'étude 2 sur le patient 6

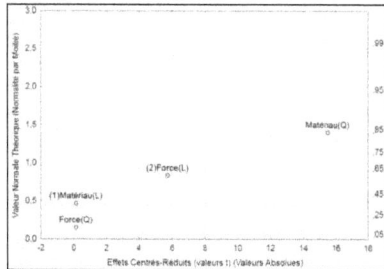

Figure B-228 : Normalité par moitié sur la cunéiformisation du disque intervertébral T12-L1 pour l'étude 2 sur le patient 6

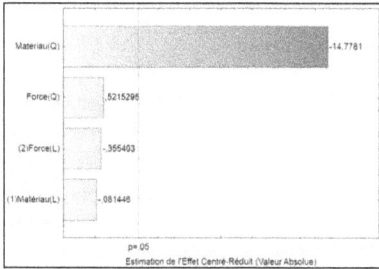

Figure B-229 : Diagramme de Pareto sur la cunéiformisation du disque intervertébral L1-L2 pour l'étude 2 sur le patient 6

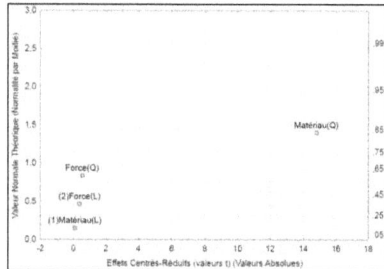

Figure B-230 : Normalité par moitié sur la cunéiformisation du disque intervertébral L1-L2 pour l'étude 2 sur le patient 6

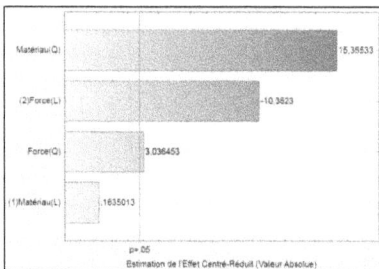

Figure B-231 : Diagramme de Pareto sur la cunéiformisation du disque intervertébral L2-L3 pour l'étude 2 sur le patient 6

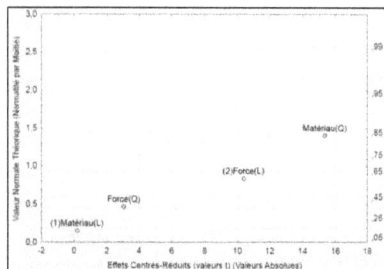

Figure B-232 : Normalité par moitié sur la cunéiformisation du disque intervertébral L2-L3 pour l'étude 2 sur le patient 6

162

En ce qui concerne les contraintes internes dans les plaques de croissance, les diagrammes de Pareto et les tracés de la normalité par moitié sont les suivants :

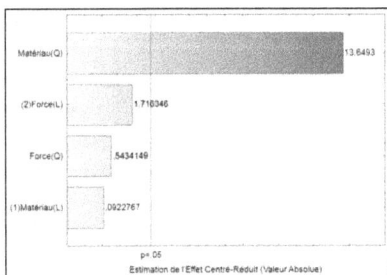

Figure B-233 : Diagramme de Pareto sur les contraintes internes de la plaque de croissance inférieure de la vertèbre T11 pour l'étude 2 sur le patient 6

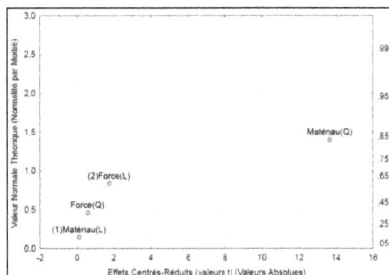

Figure B-234 : Normalité par moitié sur les contraintes internes de la plaque de croissance inférieure de la vertèbre T11 pour l'étude 2 sur le patient 6

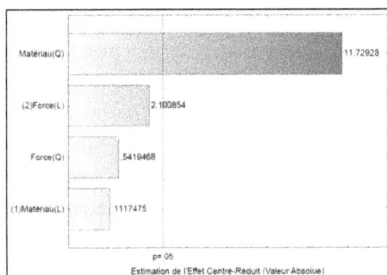

Figure B-235 : Diagramme de Pareto sur les contraintes internes de la plaque de croissance supérieure de la vertèbre T12 pour l'étude 2 sur le patient 6

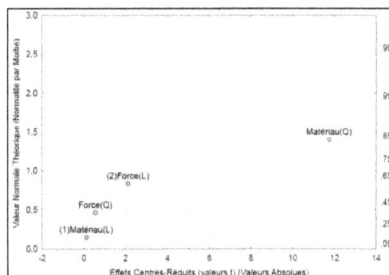

Figure B-236 : Normalité par moitié sur les contraintes internes de la plaque de croissance supérieure de la vertèbre T12 pour l'étude 2 sur le patient 6

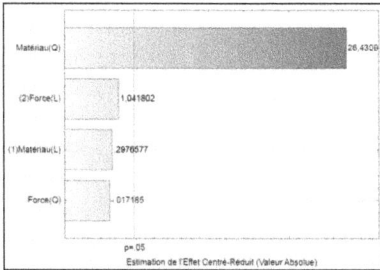

Figure B-237 : Diagramme de Pareto sur les contraintes
internes de la plaque de croissance inférieure de la vertèbre
T12 pour l'étude 2 sur le patient 6

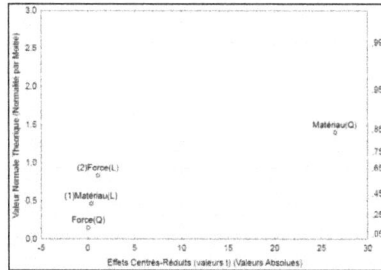

Figure B-238 : Normalité par moitié sur les contraintes
internes de la plaque de croissance inférieure de la vertèbre
T12 pour l'étude 2 sur le patient 6

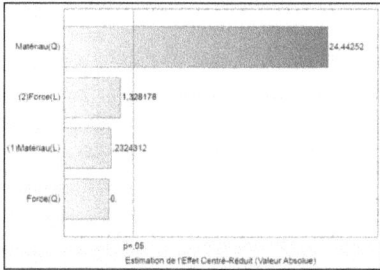

Figure B-239 : Diagramme de Pareto sur les contraintes
internes de la plaque de croissance supérieure de la vertèbre
L1 pour l'étude 2 sur le patient 6

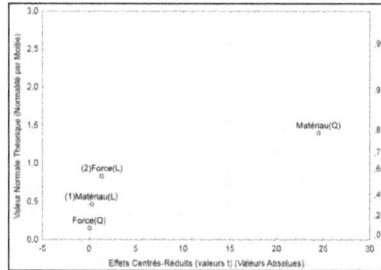

Figure B-240 : Normalité par moitié sur les contraintes
internes de la plaque de croissance supérieure de la vertèbre
L1 pour l'étude 2 sur le patient 6

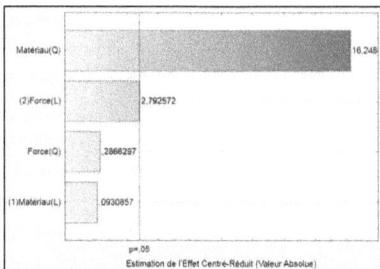

Figure B-241 : Diagramme de Pareto sur les contraintes
internes de la plaque de croissance inférieure de la vertèbre
L1 pour l'étude 2 sur le patient 6

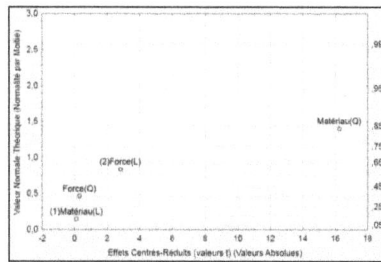

Figure B-242 : Normalité par moitié sur les contraintes
internes de la plaque de croissance inférieure de la vertèbre
L1 pour l'étude 2 sur le patient 6

164

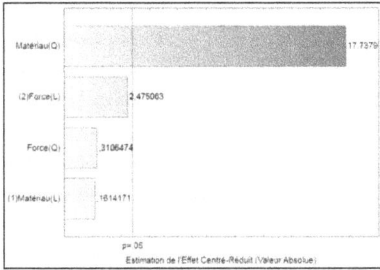

Figure B-243 : Diagramme de Pareto sur les contraintes
internes de la plaque de croissance supérieure de la vertèbre
L2 pour l'étude 2 sur le patient 6

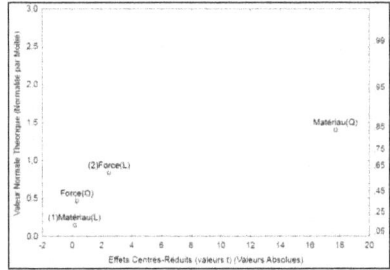

Figure B-244 : Normalité par moitié sur les contraintes
internes de la plaque de croissance supérieure de la vertèbre
L2 pour l'étude 2 sur le patient 6

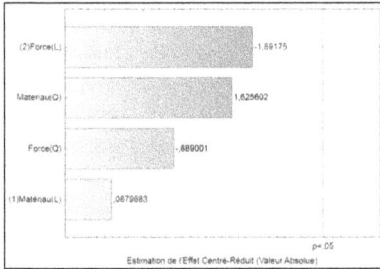

Figure B-245 : Diagramme de Pareto sur les contraintes
internes de la plaque de croissance inférieure de la vertèbre
L2 pour l'étude 2 sur le patient 6

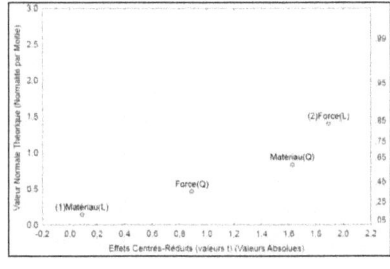

Figure B-246 : Normalité par moitié sur les contraintes
internes de la plaque de croissance inférieure de la vertèbre
L2 pour l'étude 2 sur le patient 6

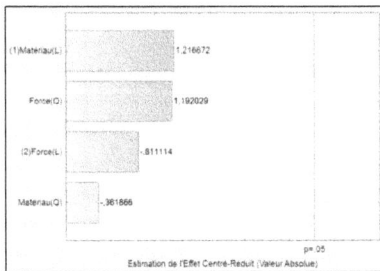

Figure B-247 : Diagramme de Pareto sur les contraintes
internes de la plaque de croissance supérieure de la vertèbre
L3 pour l'étude 2 sur le patient 6

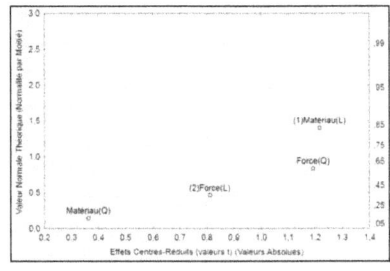

Figure B-248 : Normalité par moitié sur les contraintes
internes de la plaque de croissance supérieure de la vertèbre
L3 pour l'étude 2 sur le patient 6

165

ANNEXE C – Résultats complets sur l'influence du type de matériau, l'amplitude de la réduction pré-instrumentation et de la tension dans le câble

Cette annexe comporte tous les diagrammes de Pareto et le tracé de la normalité par moitié des plans d'expériences réalisés sur 6 patients permettant de déterminer l'influence du type de matériau, de l'amplitude de la réduction pré-instrumentation et de la tension dans le câble.

Résultats pour le patient 1 :

En ce qui concerne l'angle de Cobb, le diagramme de Pareto et le tracé de la normalité par moitié sont les suivants :

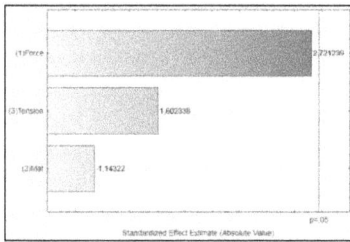

Figure C-1 : Diagramme de Pareto sur l'angle de Cobb pour l'étude 4 sur le patient 1

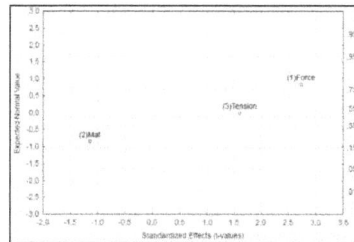

Figure C-2 : Normalité par moitié sur l'angle de Cobb pour l'étude 4 sur le patient 1

En ce qui concerne la lordose lombaire, le diagramme de Pareto et le tracé de la normalité par moitié sont les suivants :

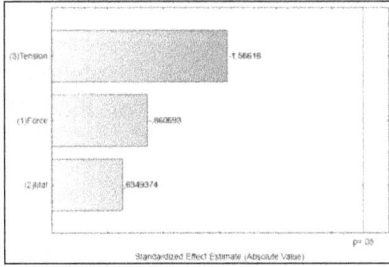

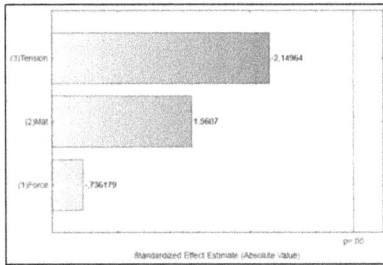

Figure C-3 : Diagramme de Pareto sur la lordose pour l'étude 4 sur le patient 1

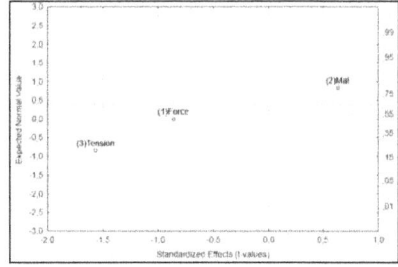

Figure C-4 : Normalité par moitié sur la lordose pour l'étude 4 sur le patient 1

En ce qui concerne la cyphose thoracique, le diagramme de Pareto et le tracé de la normalité par moitié sont les suivants :

Figure C-5 : Diagramme de Pareto sur la cyphose pour l'étude 4 sur le patient 1

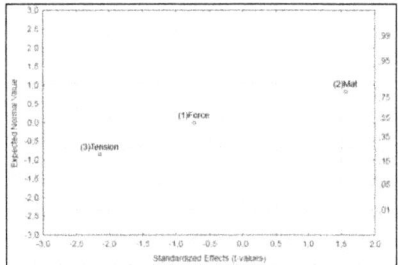

Figure C-6 : Normalité par moitié sur la cyphose pour l'étude 4 sur le patient 1

En ce qui concerne la cunéiformisation des disques intervertébraux, les diagrammes de Pareto et le tracé de la normalité par moitié sont les suivants :

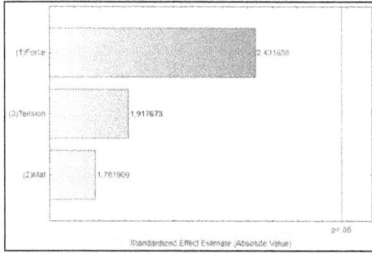

Figure C-7 : Diagramme de Pareto sur la cunéiformisation du disque intervertébral T9-T10 pour l'étude 4 sur le patient 1

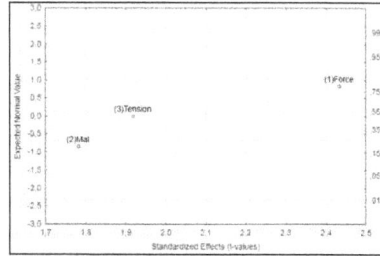

Figure C-8 : Normalité par moitié sur la cunéiformisation du disque intervertébral T9-T10 pour l'étude 4 sur le patient 1

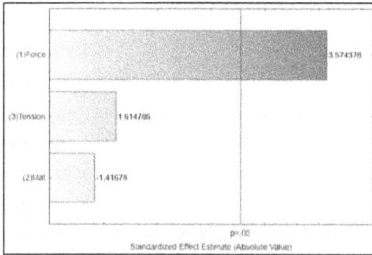

Figure C-9 : Diagramme de Pareto sur la cunéiformisation du disque intervertébral T10-T11 pour l'étude 4 sur le patient 1

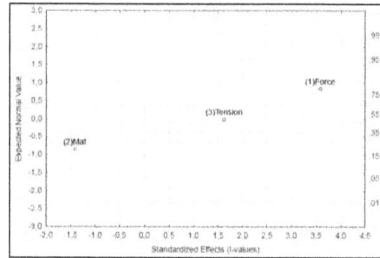

Figure C-10 : Normalité par moitié sur la cunéiformisation du disque intervertébral T10-T11 pour l'étude 4 sur le patient 1

168

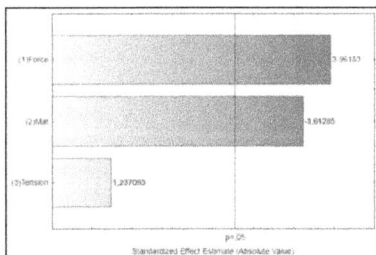

Figure C-11 : Diagramme de Pareto sur la cunéiformisation du disque intervertébral T11-T12 pour l'étude 4 sur le patient 1

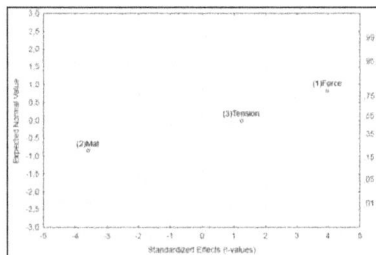

Figure C-12 : Normalité par moitié sur la cunéiformisation du disque intervertébral T11-T12 pour l'étude 4 sur le patient 1

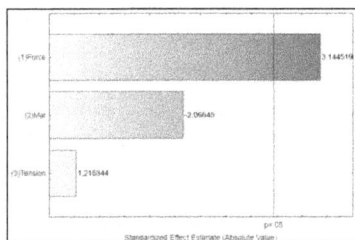

Figure C-13 : Diagramme de Pareto sur la cunéiformisation du disque intervertébral T12-L1 pour l'étude 4 sur le patient 1

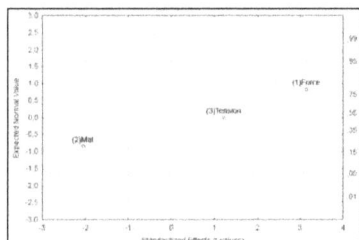

Figure C-14 : Normalité par moitié sur la cunéiformisation du disque intervertébral T12-L1 pour l'étude 4 sur le patient 1

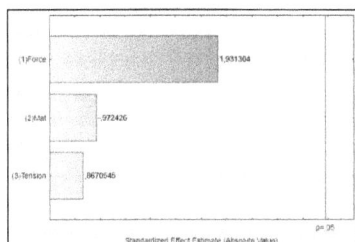

Figure C-15 : Diagramme de Pareto sur la cunéiformisation du disque intervertébral L1-L2 pour l'étude 4 sur le patient 1

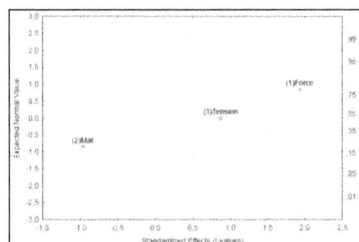

Figure C-16 : Normalité par moitié sur la cunéiformisation du disque intervertébral L1-L2 pour l'étude 4 sur le patient 1

En ce qui concerne les contraintes internes dans les plaques de croissance, les diagrammes de Pareto et les tracés de la normalité par moitié sont les suivants :

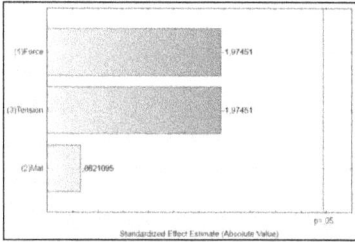

Figure C-17 : Diagramme de Pareto sur les contraintes internes de la plaque de croissance inférieure de la vertèbre T9 pour l'étude 4 sur le patient 1

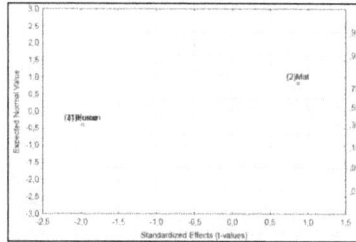

Figure C-18 : Normalité par moitié sur les contraintes internes de la plaque de croissance inférieure de la vertèbre T9 pour l'étude 4 sur le patient 1

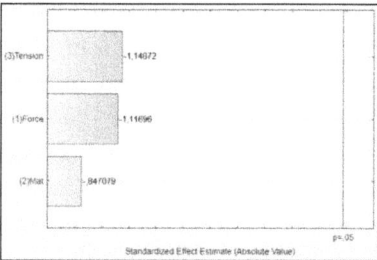

Figure C-19 : Diagramme de Pareto sur les contraintes internes de la plaque de croissance supérieure de la vertèbre T10 pour l'étude 4 sur le patient 1

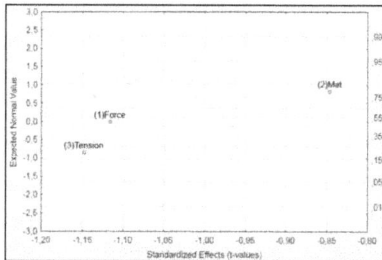

Figure C-20 : Normalité par moitié sur les contraintes internes de la plaque de croissance supérieure de la vertèbre T10 pour l'étude 4 sur le patient 1

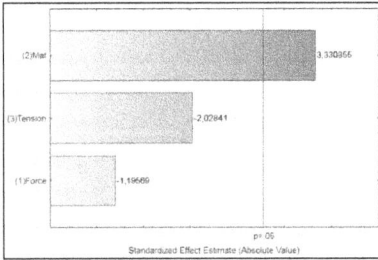

Figure C-21 : Diagramme de Pareto sur les contraintes internes de la plaque de croissance inférieure de la vertèbre T10 pour l'étude 4 sur le patient 1

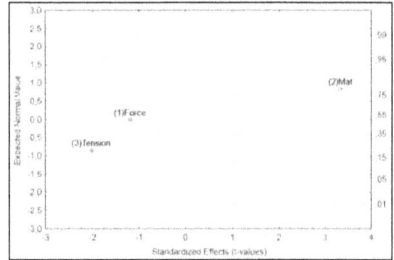

Figure C-22 : Normalité par moitié sur les contraintes internes de la plaque de croissance inférieure de la vertèbre T10 pour l'étude 4 sur le patient 1

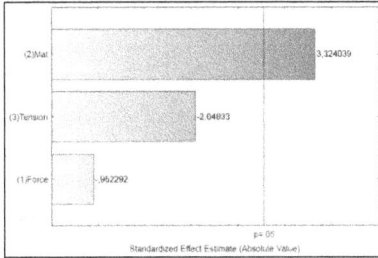

Figure C-23 : Diagramme de Pareto sur les contraintes internes de la plaque de croissance supérieure de la vertèbre T11 pour l'étude 4 sur le patient 1

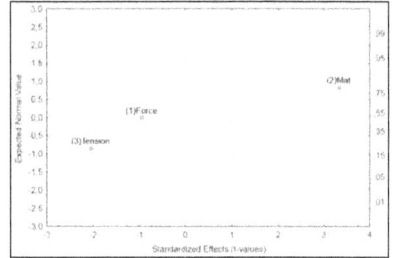

Figure C-24 : Normalité par moitié sur les contraintes internes de la plaque de croissance supérieure de la vertèbre T11 pour l'étude 4 sur le patient 1

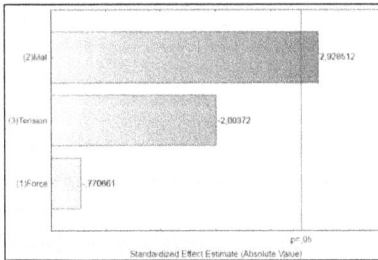

Figure C-25 : Diagramme de Pareto sur les contraintes internes de la plaque de croissance inférieure de la vertèbre T11 pour l'étude 4 sur le patient 1

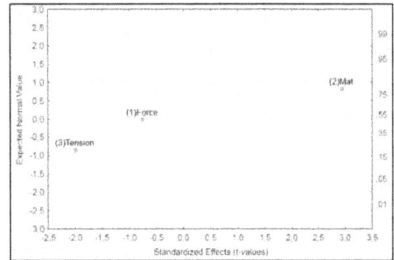

Figure C-26 : Normalité par moitié sur les contraintes internes de la plaque de croissance inférieure de la vertèbre T11 pour l'étude 4 sur le patient 1

171

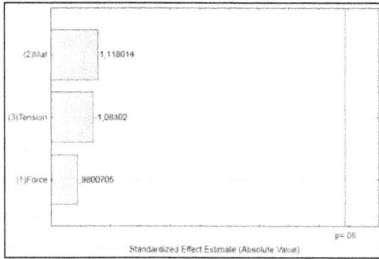

Figure C-27 : Diagramme de Pareto sur les contraintes internes de la plaque de croissance supérieure de la vertèbre T12 pour l'étude 4 sur le patient 1

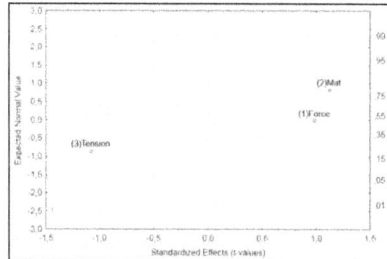

Figure C-28 : Normalité par moitié sur les contraintes internes de la plaque de croissance supérieure de la vertèbre T12 pour l'étude 4 sur le patient 1

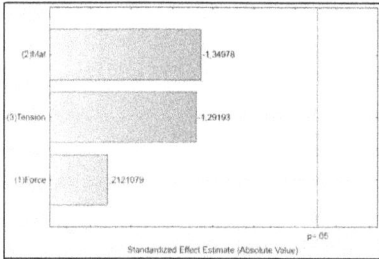

Figure C-29 : Diagramme de Pareto sur les contraintes internes de la plaque de croissance inférieure de la vertèbre T12 pour l'étude 4 sur le patient 1

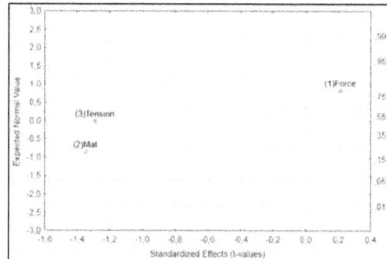

Figure C-30 : Normalité par moitié sur les contraintes internes de la plaque de croissance inférieure de la vertèbre T12 pour l'étude 4 sur le patient 1

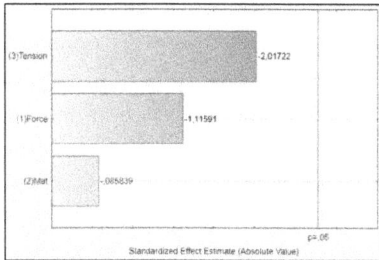

Figure C-31 : Diagramme de Pareto sur les contraintes internes de la plaque de croissance supérieure de la vertèbre L1 pour l'étude 4 sur le patient 1

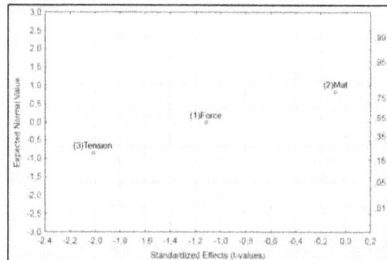

Figure C-32 : Normalité par moitié sur les contraintes internes de la plaque de croissance supérieure de la vertèbre L1 pour l'étude 4 sur le patient 1

172

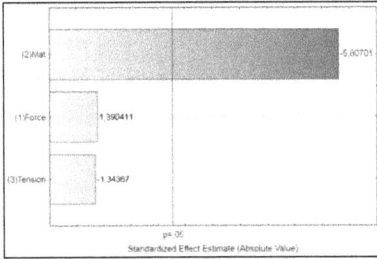

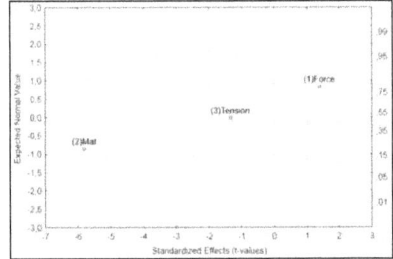

Figure C-33 : Diagramme de Pareto sur les contraintes internes de la plaque de croissance inférieure de la vertèbre L1 pour l'étude 4 sur le patient 1

Figure C-34 : Normalité par moitié sur les contraintes internes de la plaque de croissance inférieure de la vertèbre L1 pour l'étude 4 sur le patient 1

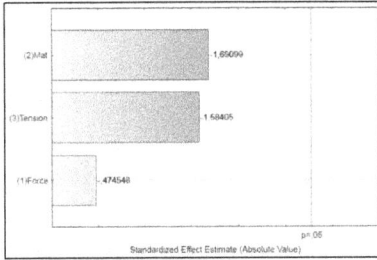

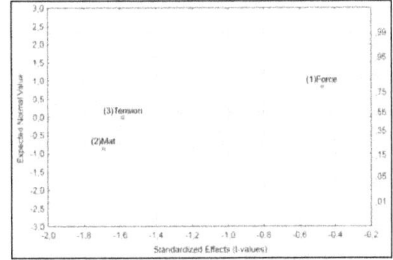

Figure C-35 : Diagramme de Pareto sur les contraintes internes de la plaque de croissance supérieure de la vertèbre L2 pour l'étude 4 sur le patient 1

Figure C-36 : Normalité par moitié sur les contraintes internes de la plaque de croissance supérieure de la vertèbre L2 pour l'étude 4 sur le patient 1

173

Résultats pour le patient 2 :

En ce qui concerne l'angle de Cobb, le diagramme de Pareto et le tracé de la normalité par moitié sont les suivants :

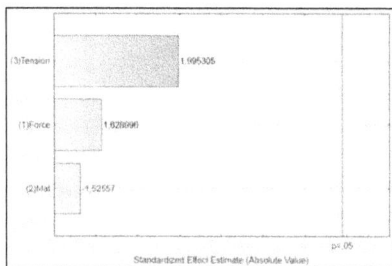

Figure C-37 : Diagramme de Pareto sur l'angle de Cobb pour l'étude 4 sur le patient 2

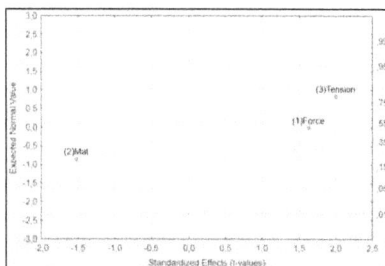

Figure C-38 : Normalité par moitié sur l'angle de Cobb pour l'étude 4 sur le patient 2

En ce qui concerne la lordose lombaire, le diagramme de Pareto et le tracé de la normalité par moitié sont les suivants :

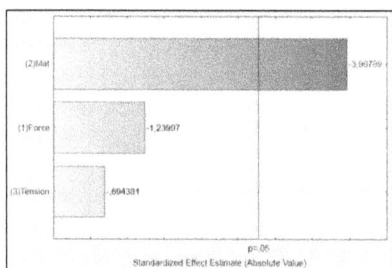

Figure C-39 : Diagramme de Pareto sur la lordose pour l'étude 4 sur le patient 2

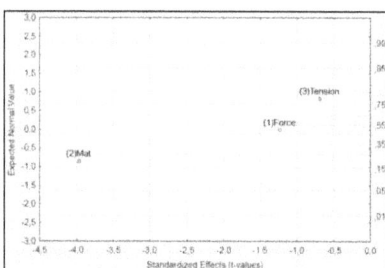

Figure C-40 : Normalité par moitié sur la lordose pour l'étude 4 sur le patient 2

174

En ce qui concerne la cyphose thoracique, le diagramme de Pareto et le tracé de la normalité par moitié sont les suivants :

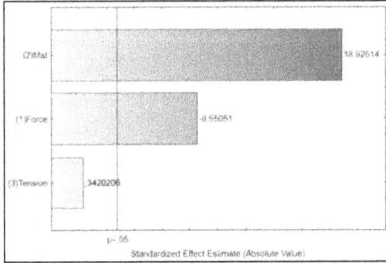

Figure C-41 : Diagramme de Pareto sur la cyphose pour l'étude 4 sur le patient 2

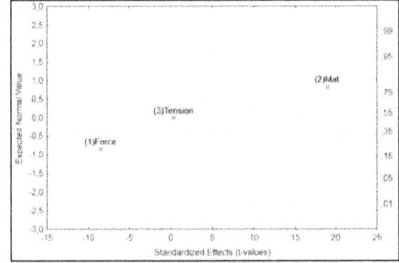

Figure C-42 : Normalité par moitié sur la cyphose pour l'étude 4 sur le patient 2

En ce qui concerne la cunéiformisation des disques intervertébraux, les diagrammes de Pareto et le tracé de la normalité par moitié sont les suivants :

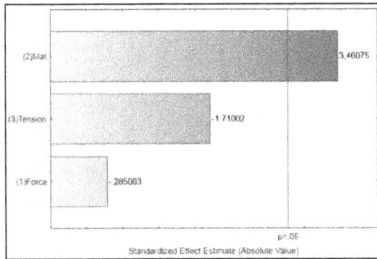

Figure C-43 : Diagramme de Pareto sur la cunéiformisation du disque intervertébral T11-T12 pour l'étude 4 sur le patient 2

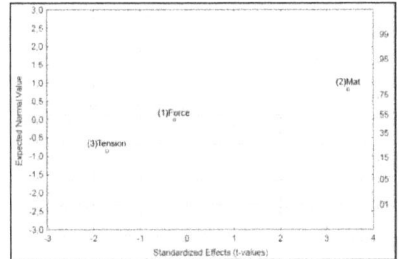

Figure C-44 : Normalité par moitié sur la cunéiformisation du disque intervertébral T11-T12 pour l'étude 4 sur le patient 2

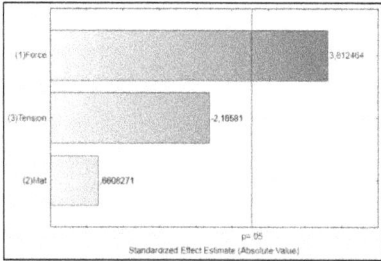

Figure C-45 : Diagramme de Pareto sur la cunéiformisation du disque intervertébral T12-L1 pour l'étude 4 sur le patient 2

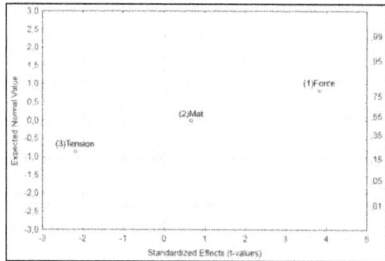

Figure C-46 : Normalité par moitié sur la cunéiformisation du disque intervertébral T12-L1 pour l'étude 4 sur le patient 2

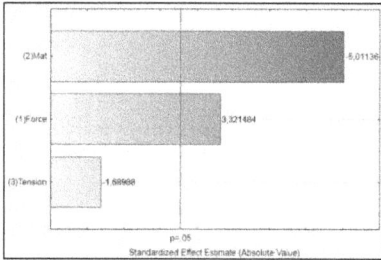

Figure C-47 : Diagramme de Pareto sur la cunéiformisation du disque intervertébral L1-L2 pour l'étude 4 sur le patient 2

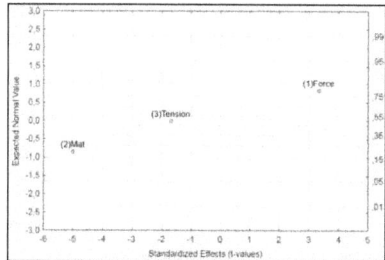

Figure C-48 : Normalité par moitié sur la cunéiformisation du disque intervertébral L1-L2 pour l'étude 4 sur le patient 2

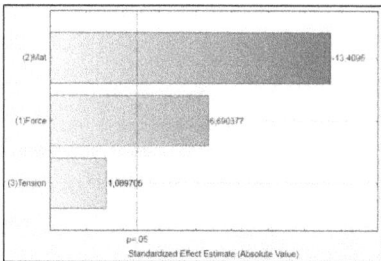

Figure C-49 : Diagramme de Pareto sur la cunéiformisation du disque intervertébral L2-L3 pour l'étude 4 sur le patient 2

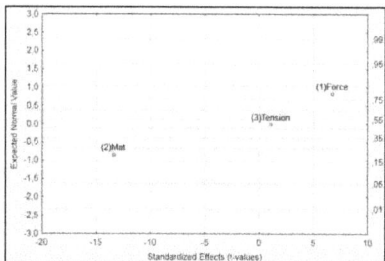

Figure C-50 : Normalité par moitié sur la cunéiformisation du disque intervertébral L2-L3 pour l'étude 4 sur le patient 2

176

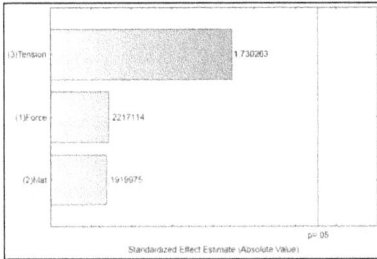

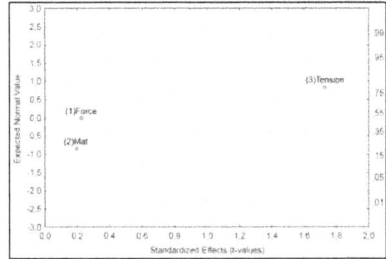

Figure C-51 : Diagramme de Pareto sur la cunéiformisation du disque intervertébral L3-L4 pour l'étude 4 sur le patient 2

Figure C-52 : Normalité par moitié sur la cunéiformisation du disque intervertébral L3-L4 pour l'étude 4 sur le patient 2

En ce qui concerne les contraintes internes dans les plaques de croissance, les diagrammes de Pareto et les tracés de la normalité par moitié sont les suivants :

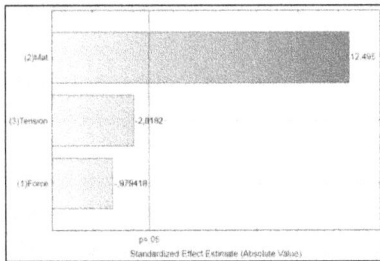

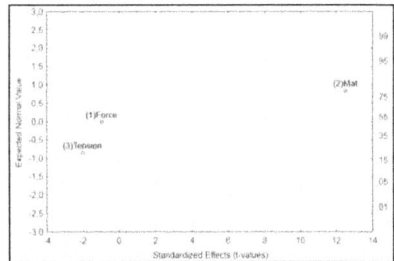

Figure C-53 : Diagramme de Pareto sur les contraintes internes de la plaque de croissance inférieure de la vertèbre T11 pour l'étude 4 sur le patient 2

Figure C-54 : Normalité par moitié sur les contraintes internes de la plaque de croissance inférieure de la vertèbre T11 pour l'étude 4 sur le patient 2

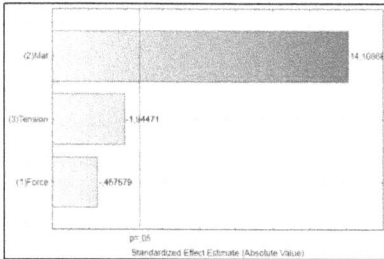

Figure C-55 : Diagramme de Pareto sur les contraintes
internes de la plaque de croissance supérieure de la vertèbre
T12 pour l'étude 4 sur le patient 2

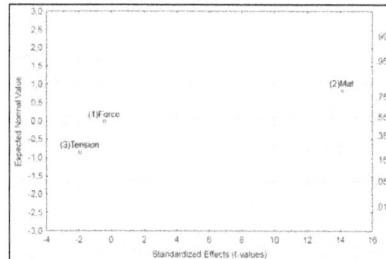

Figure C-56 : Normalité par moitié sur les contraintes
internes de la plaque de croissance supérieure de la vertèbre
T12 pour l'étude 4 sur le patient 2

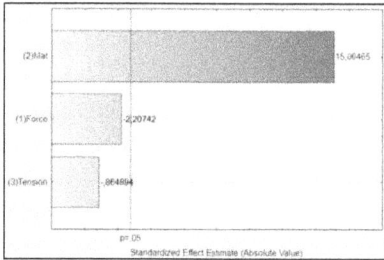

Figure C-57 : Diagramme de Pareto sur les contraintes
internes de la plaque de croissance inférieure de la vertèbre
T12 pour l'étude 4 sur le patient 2

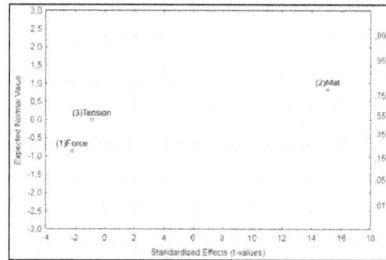

Figure C-58 : Normalité par moitié sur les contraintes
internes de la plaque de croissance inférieure de la vertèbre
T12 pour l'étude 4 sur le patient 2

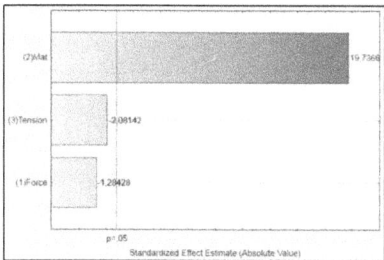

Figure C-59 : Diagramme de Pareto sur les contraintes
internes de la plaque de croissance supérieure de la vertèbre
L1 pour l'étude 4 sur le patient 2

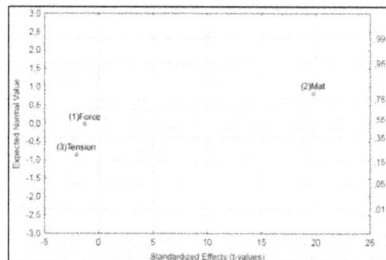

Figure C-60 : Normalité par moitié sur les contraintes
internes de la plaque de croissance supérieure de la vertèbre
L1 pour l'étude 4 sur le patient 2

178

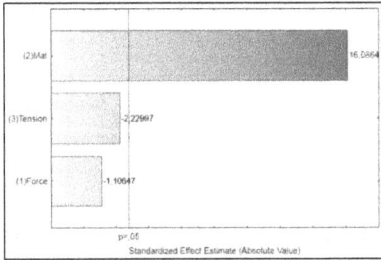

Figure C-61 : Diagramme de Pareto sur les contraintes internes de la plaque de croissance inférieure de la vertèbre L1 pour l'étude 4 sur le patient 2

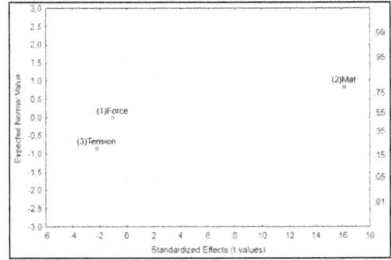

Figure C-62 : Normalité par moitié sur les contraintes internes de la plaque de croissance inférieure de la vertèbre L1 pour l'étude 4 sur le patient 2

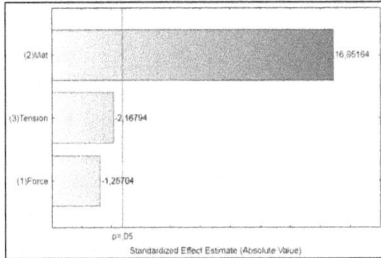

Figure C-63 : Diagramme de Pareto sur les contraintes internes de la plaque de croissance supérieure de la vertèbre L2 pour l'étude 4 sur le patient 2

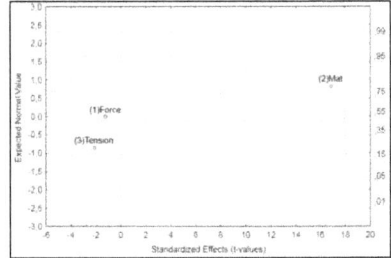

Figure C-64 : Normalité par moitié sur les contraintes internes de la plaque de croissance supérieure de la vertèbre L2 pour l'étude 4 sur le patient 2

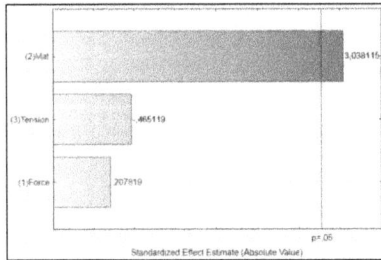

Figure C-65 : Diagramme de Pareto sur les contraintes internes de la plaque de croissance inférieure de la vertèbre L2 pour l'étude 4 sur le patient 2

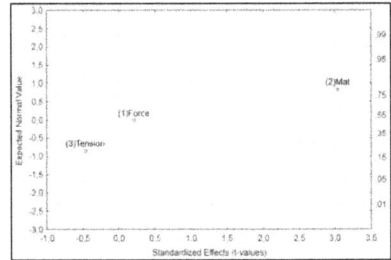

Figure C-66 : Normalité par moitié sur les contraintes internes de la plaque de croissance inférieure de la vertèbre L2 pour l'étude 4 sur le patient 2

179

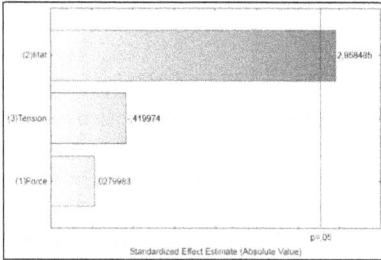

Figure C-67 : Diagramme de Pareto sur les contraintes internes de la plaque de croissance supérieure de la vertèbre L3 pour l'étude 4 sur le patient 2

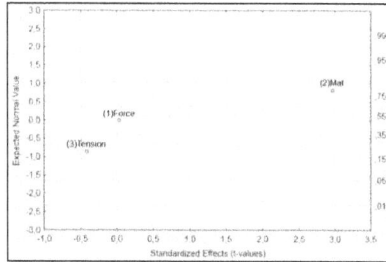

Figure C-68 : Normalité par moitié sur les contraintes internes de la plaque de croissance supérieure de la vertèbre L3 pour l'étude 4 sur le patient 2

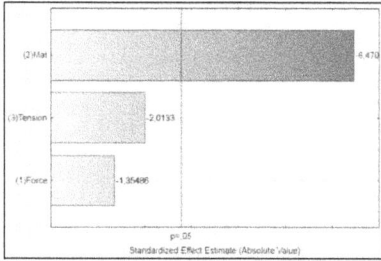

Figure C-69 : Diagramme de Pareto sur les contraintes internes de la plaque de croissance inférieure de la vertèbre L3 pour l'étude 4 sur le patient 2

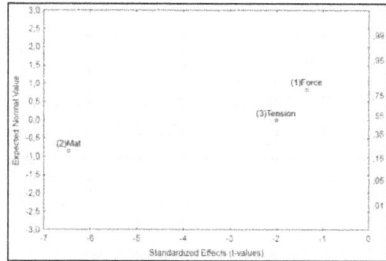

Figure C-70 : Normalité par moitié sur les contraintes internes de la plaque de croissance inférieure de la vertèbre L3 pour l'étude 4 sur le patient 2

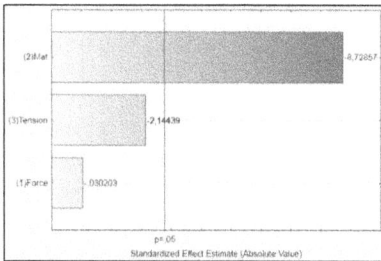

Figure C-71 : Diagramme de Pareto sur les contraintes internes de la plaque de croissance supérieure de la vertèbre L4 pour l'étude 4 sur le patient 2

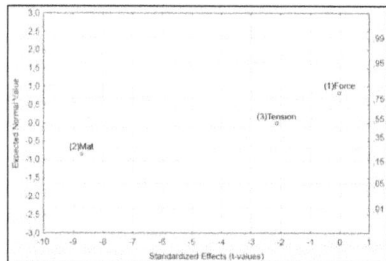

Figure C-72 : Normalité par moitié sur les contraintes internes de la plaque de croissance supérieure de la vertèbre L4 pour l'étude 4 sur le patient 2

180

Résultats pour le patient 3 :

En ce qui concerne l'angle de Cobb, le diagramme de Pareto et le tracé de la normalité par moitié sont les suivants :

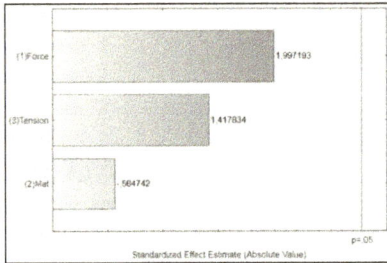

Figure C-73 : Diagramme de Pareto sur l'angle de Cobb milieu-thoracique pour l'étude 4 sur le patient 3

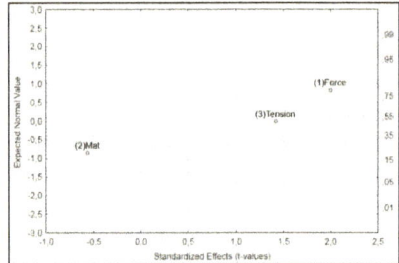

Figure C-74 : Normalité par moitié sur l'angle de Cobb milieu- thoracique pour l'étude 4 sur le patient 3

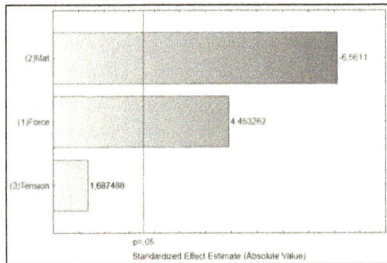

Figure C-75 : Diagramme de Pareto sur l'angle de Cobb bas-thoracique pour l'étude 4 sur le patient 3

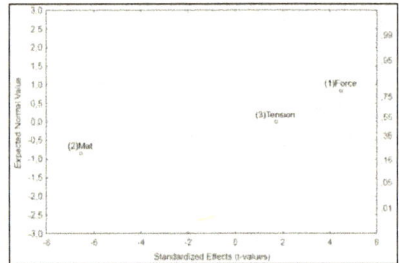

Figure C-76 : Normalité par moitié sur l'angle de Cobb bas-thoracique pour l'étude 4 sur le patient 3

181

En ce qui concerne la lordose lombaire, le diagramme de Pareto et le tracé de la normalité par moitié sont les suivants :

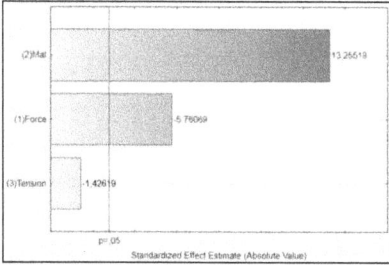

Figure C-77 : Diagramme de Pareto sur la lordose pour l'étude 4 sur le patient 3

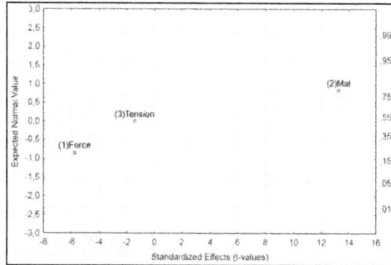

Figure C-78 : Normalité par moitié sur la lordose pour l'étude 4 sur le patient 3

En ce qui concerne la cyphose thoracique, le diagramme de Pareto et le tracé de la normalité par moitié sont les suivants :

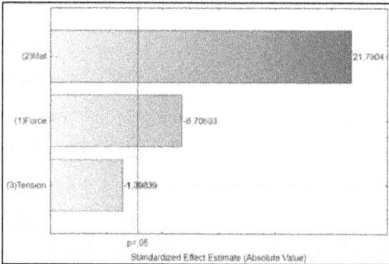

Figure C-79 : Diagramme de Pareto sur la cyphose pour l'étude 4 sur le patient 3

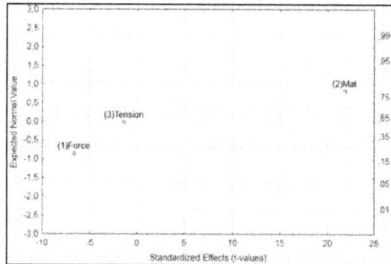

Figure C-80 : Normalité par moitié sur la cyphose pour l'étude 4 sur le patient 3

En ce qui concerne la cunéiformisation des disques intervertébraux, les diagrammes de Pareto et le tracé de la normalité par moitié sont les suivants :

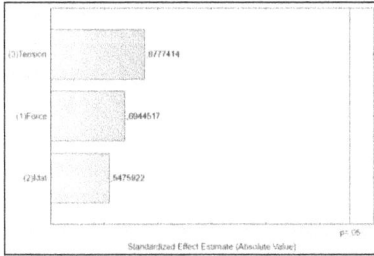

Figure C-81 : Diagramme de Pareto sur la cunéiformisation du disque intervertébral T5-T6 pour l'étude 4 sur le patient 3

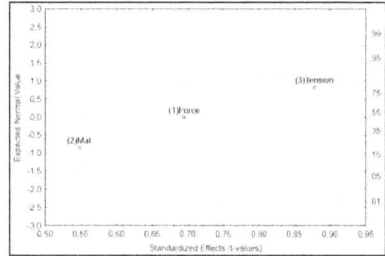

Figure C-82 : Normalité par moitié sur la cunéiformisation du disque intervertébral T5-T6 pour l'étude 4 sur le patient 3

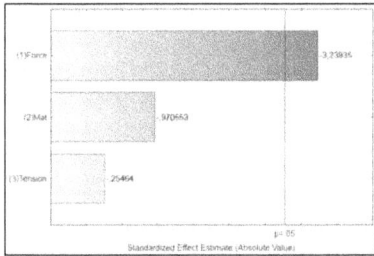

Figure C-83 : Diagramme de Pareto sur la cunéiformisation du disque intervertébral T6-T7 pour l'étude 4 sur le patient 3

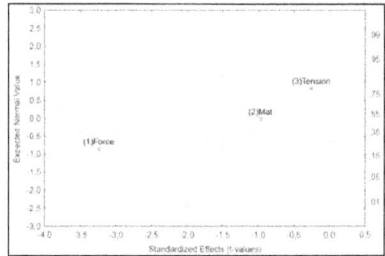

Figure C-84 : Normalité par moitié sur la cunéiformisation du disque intervertébral T6-T7 pour l'étude 4 sur le patient 3

183

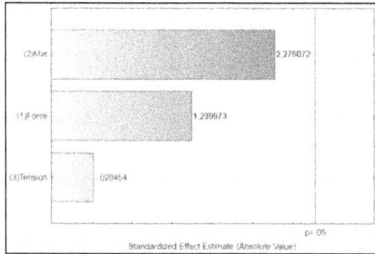

Figure C-85 : Diagramme de Pareto sur la cunéiformisation du disque intervertébral T7-T8 pour l'étude 4 sur le patient 3

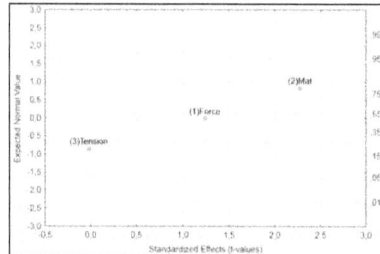

Figure C-86 : Normalité par moitié sur la cunéiformisation du disque intervertébral T7-T8 pour l'étude 4 sur le patient 3

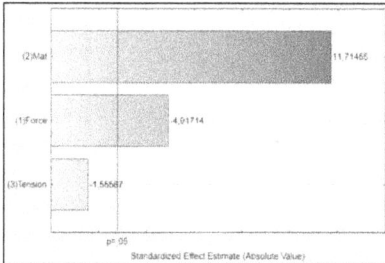

Figure C-87 : Diagramme de Pareto sur la cunéiformisation du disque intervertébral T8-T9 pour l'étude 4 sur le patient 3

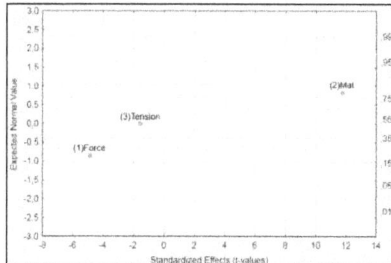

Figure C-88 : Normalité par moitié sur la cunéiformisation du disque intervertébral T8-T9 pour l'étude 4 sur le patient 3

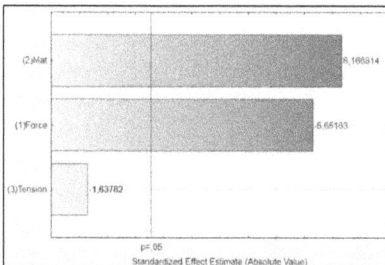

Figure C-89 : Diagramme de Pareto sur la cunéiformisation du disque intervertébral T9-10 pour l'étude 4 sur le patient 3

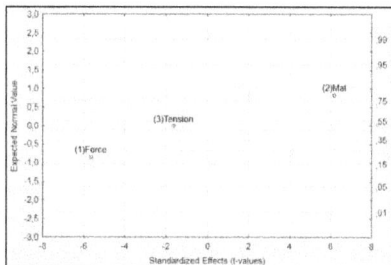

Figure C-90 : Normalité par moitié sur la cunéiformisation du disque intervertébral T9-T10 pour l'étude 4 sur le patient 3

184

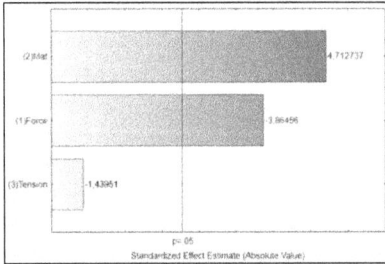

Figure C-91 : Diagramme de Pareto sur la cunéiformisation du disque intervertébral T10-T11 pour l'étude 4 sur le patient 3

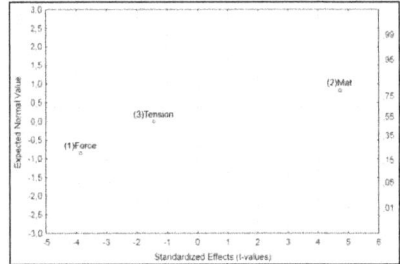

Figure C-92 : Normalité par moitié sur la cunéiformisation du disque intervertébral T10-T11 pour l'étude 4 sur le patient 3

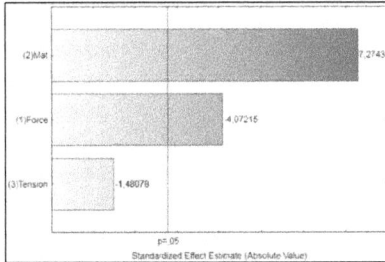

Figure C-93 : Diagramme de Pareto sur la cunéiformisation du disque intervertébral T11-T12 pour l'étude 4 sur le patient 3

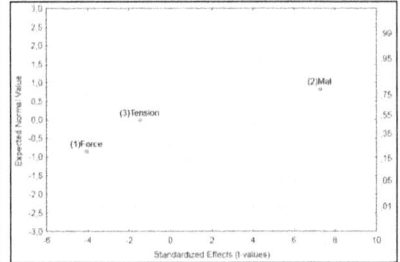

Figure C-94 : Normalité par moitié sur la cunéiformisation du disque intervertébral T11-T12 pour l'étude 4 sur le patient 3

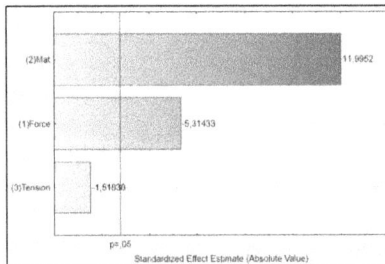

Figure C-95 : Diagramme de Pareto sur la cunéiformisation du disque intervertébral T12-L1 pour l'étude 4 sur le patient 3

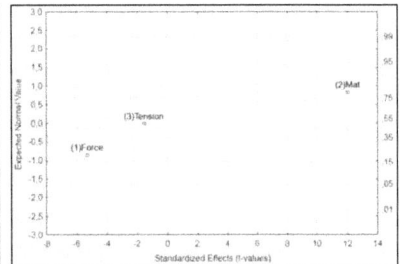

Figure C-96 : Normalité par moitié sur la cunéiformisation du disque intervertébral T12-L1 pour l'étude 4 sur le patient 3

185

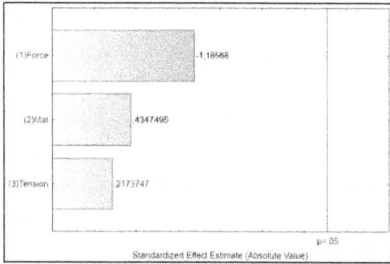

Figure C-97 : Diagramme de Pareto sur la cunéiformisation du disque intervertébral L1-L2 pour l'étude 4 sur le patient 3

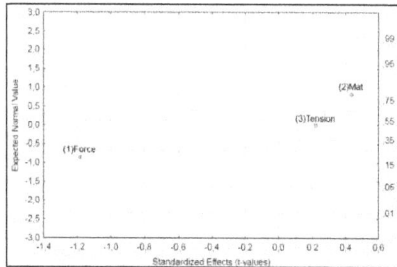

Figure C-98 : Normalité par moitié sur la cunéiformisation du disque intervertébral L1-L2 pour l'étude 4 sur le patient 3

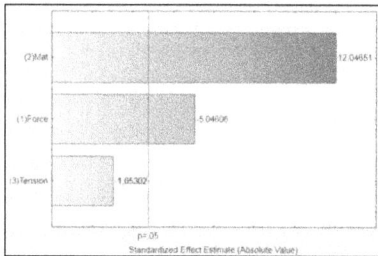

Figure C-99 : Diagramme de Pareto sur la cunéiformisation du disque intervertébral L2-L3 pour l'étude 4 sur le patient 3

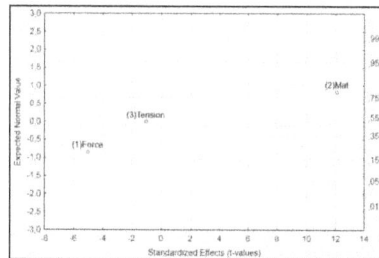

Figure C-100 : Normalité par moitié sur la cunéiformisation du disque intervertébral L2-L3 pour l'étude 4 sur le patient 3

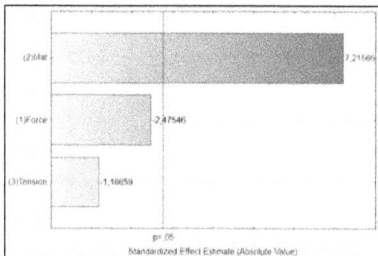

Figure C-101 : Diagramme de Pareto sur la cunéiformisation du disque intervertébral L3-L4 pour l'étude 4 sur le patient 3

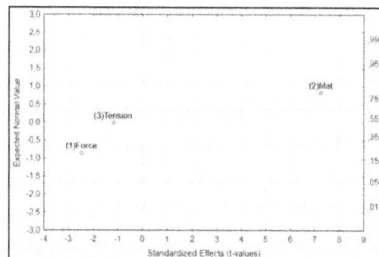

Figure C-102 : Normalité par moitié sur la cunéiformisation du disque intervertébral L3-L4 pour l'étude 4 sur le patient 3

186

En ce qui concerne les contraintes internes dans les plaques croissances, les diagrammes de Pareto et les tracés de la normalité par moitié sont les suivants :

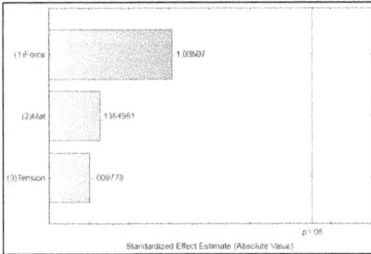

Figure C-103 : Diagramme de Pareto sur les contraintes internes de la plaque de croissance inférieure de la vertèbre T5 pour l'étude 4 sur le patient 3

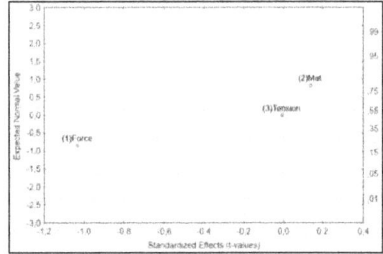

Figure C-104 : Normalité par moitié sur les contraintes internes de la plaque de croissance inférieure de la vertèbre T5 pour l'étude 4 sur le patient 3

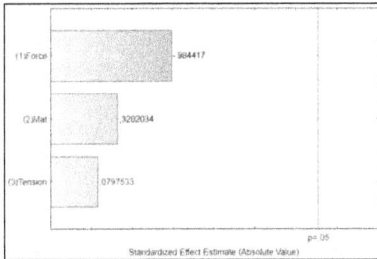

Figure C-105 : Diagramme de Pareto sur les contraintes internes de la plaque de croissance supérieure de la vertèbre T6 pour l'étude 4 sur le patient 3

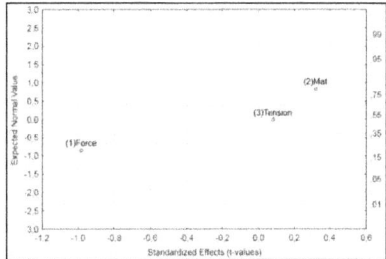

Figure C-106 : Normalité par moitié sur les contraintes internes de la plaque de croissance supérieure de la vertèbre T6 pour l'étude 4 sur le patient 3

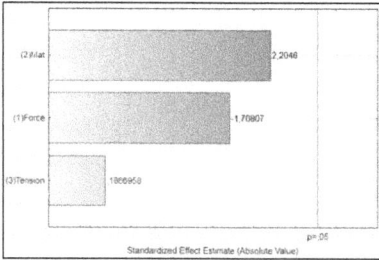

Figure C-107 : Diagramme de Pareto sur les contraintes
internes de la plaque de croissance inférieure de la vertèbre
T6 pour l'étude 4 sur le patient 3

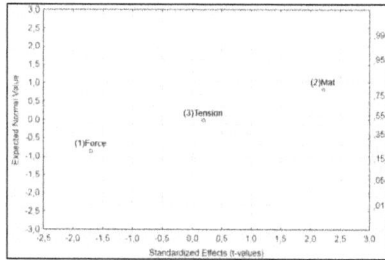

Figure C-108 : Normalité par moitié sur les contraintes
internes de la plaque de croissance inférieure de la vertèbre
T6 pour l'étude 4 sur le patient 3

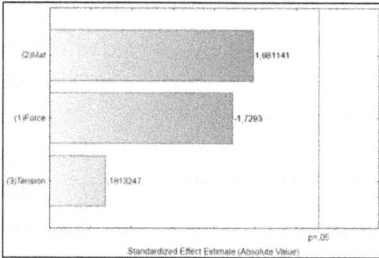

Figure C-109 : Diagramme de Pareto sur les contraintes
internes de la plaque de croissance supérieure de la vertèbre
T7 pour l'étude 4 sur le patient 3

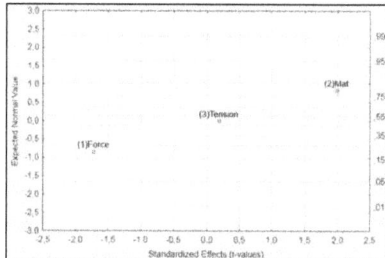

Figure C-110 : Normalité par moitié sur les contraintes
internes de la plaque de croissance supérieure de la vertèbre
T7 pour l'étude 4 sur le patient 3

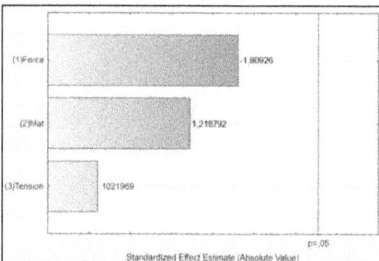

Figure C-111 : Diagramme de Pareto sur les contraintes
internes de la plaque de croissance inférieure de la vertèbre
T7 pour l'étude 4 sur le patient 3

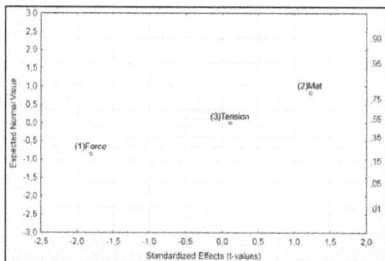

Figure C-112 : Normalité par moitié sur les contraintes
internes de la plaque de croissance inférieure de la vertèbre
T7 pour l'étude 4 sur le patient 3

188

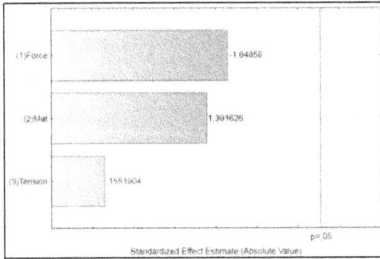

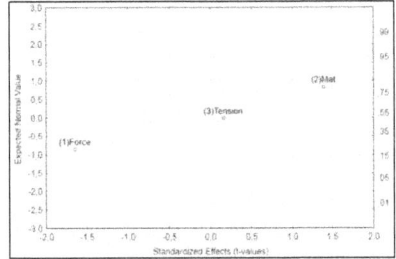

Figure C-113 : Diagramme de Pareto sur les contraintes internes de la plaque de croissance supérieure de la vertèbre T8 pour l'étude 4 sur le patient 3

Figure C-114 : Normalité par moitié sur les contraintes internes de la plaque de croissance supérieure de la vertèbre T8 pour l'étude 4 sur le patient 3

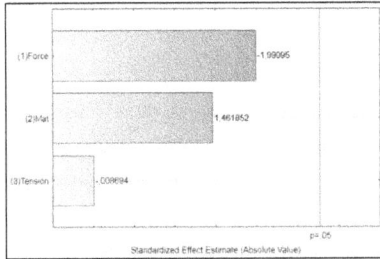

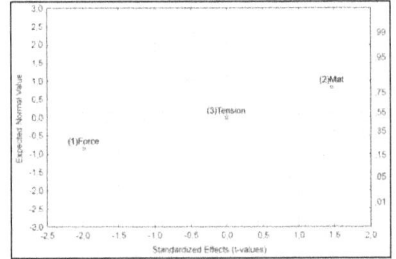

Figure C-115 : Diagramme de Pareto sur les contraintes internes de la plaque de croissance inférieure de la vertèbre T8 pour l'étude 4 sur le patient 3

Figure C-116 : Normalité par moitié sur les contraintes internes de la plaque de croissance inférieure de la vertèbre T8 pour l'étude 4 sur le patient 3

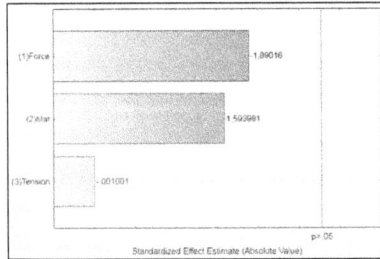

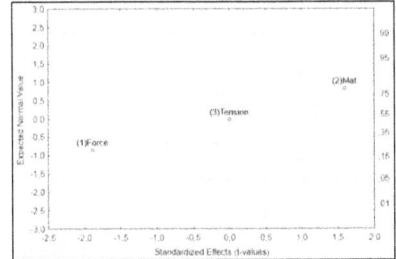

Figure C-117 : Diagramme de Pareto sur les contraintes internes de la plaque de croissance supérieure de la vertèbre T9 pour l'étude 4 sur le patient 3

Figure C-118 : Normalité par moitié sur les contraintes internes de la plaque de croissance supérieure de la vertèbre T9 pour l'étude 4 sur le patient 3

189

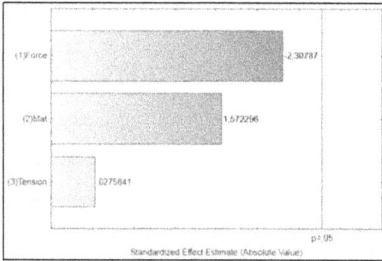

Figure C-119 : Diagramme de Pareto sur les contraintes internes de la plaque de croissance inférieure de la vertèbre T9 pour l'étude 4 sur le patient 3

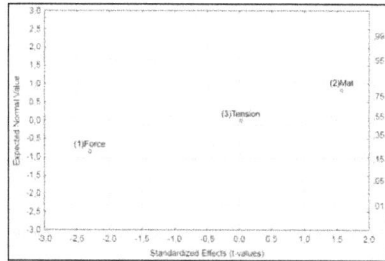

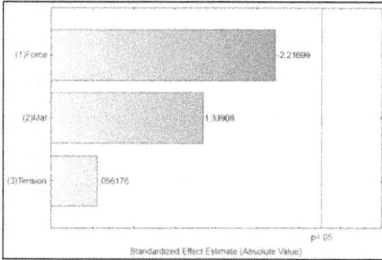

Figure C-120 : Normalité par moitié sur les contraintes internes de la plaque de croissance inférieure de la vertèbre T9 pour l'étude 4 sur le patient 3

Figure C-121 : Diagramme de Pareto sur les contraintes internes de la plaque de croissance supérieure de la vertèbre T10 pour l'étude 4 sur le patient 3

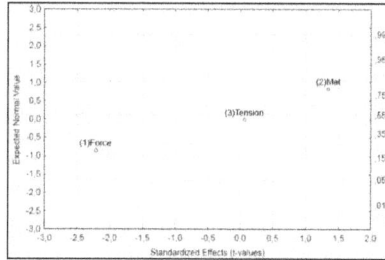

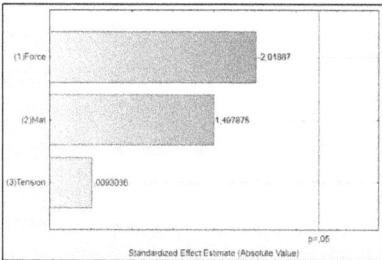

Figure C-122 : Normalité par moitié sur les contraintes internes de la plaque de croissance supérieure de la vertèbre T10 pour l'étude 4 sur le patient 3

Figure C-123 : Diagramme de Pareto sur les contraintes internes de la plaque de croissance inférieure de la vertèbre T10 pour l'étude 4 sur le patient 3

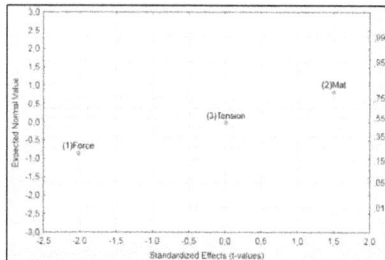

Figure C-124 : Normalité par moitié sur les contraintes internes de la plaque de croissance inférieure de la vertèbre T10 pour l'étude 4 sur le patient 3

190

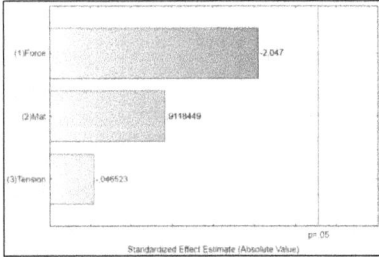

Figure C-125 : Diagramme de Pareto sur les contraintes internes de la plaque de croissance supérieure de la vertèbre T11 pour l'étude 4 sur le patient 3

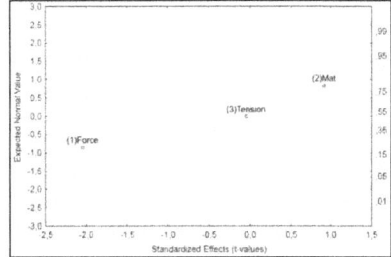

Figure C-126 : Normalité par moitié sur les contraintes internes de la plaque de croissance supérieure de la vertèbre T11 pour l'étude 4 sur le patient 3

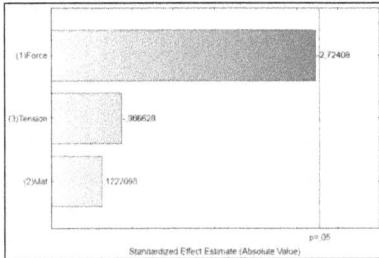

Figure C-127 : Diagramme de Pareto sur les contraintes internes de la plaque de croissance inférieure de la vertèbre T11 pour l'étude 4 sur le patient 3

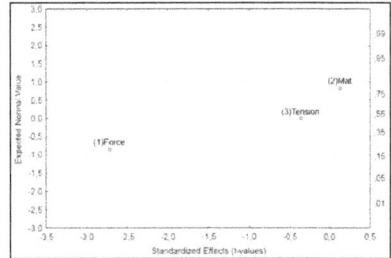

Figure C-128 : Normalité par moitié sur les contraintes internes de la plaque de croissance inférieure de la vertèbre T11 pour l'étude 4 sur le patient 3

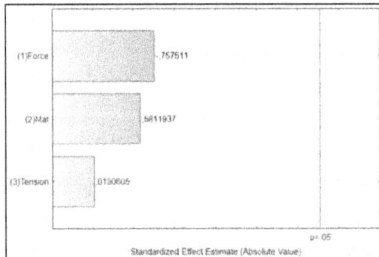

Figure C-129 : Diagramme de Pareto sur les contraintes internes de la plaque de croissance supérieure de la vertèbre T12 pour l'étude 4 sur le patient 3

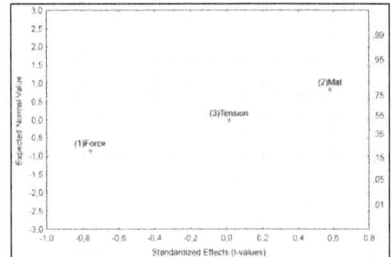

Figure C-130 : Normalité par moitié sur les contraintes internes de la plaque de croissance supérieure de la vertèbre T12 pour l'étude 4 sur le patient 3

191

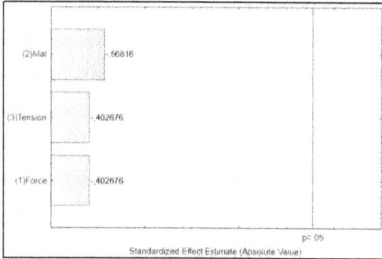

Figure C-131 : Diagramme de Pareto sur les contraintes
internes de la plaque de croissance inférieure de la vertèbre
T12 pour l'étude 4 sur le patient 3

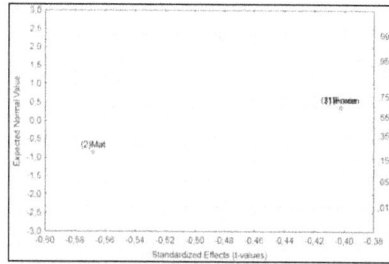

Figure C-132 : Normalité par moitié sur les contraintes
internes de la plaque de croissance inférieure de la vertèbre
T12 pour l'étude 4 sur le patient 3

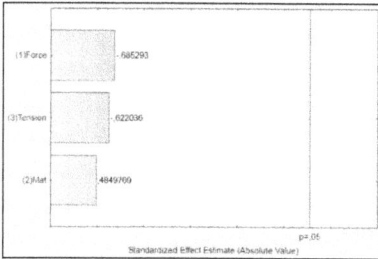

Figure C-133 : Diagramme de Pareto sur les contraintes
internes de la plaque de croissance supérieure de la vertèbre
L1 pour l'étude 4 sur le patient 3

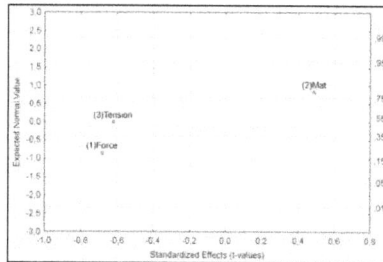

Figure C-134 : Normalité par moitié sur les contraintes
internes de la plaque de croissance supérieure de la vertèbre
L1 pour l'étude 4 sur le patient 3

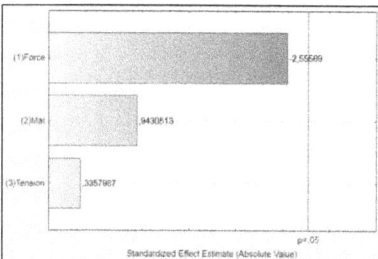

Figure C-135 : Diagramme de Pareto sur les contraintes
internes de la plaque de croissance inférieure de la vertèbre
L1 pour l'étude 4 sur le patient 3

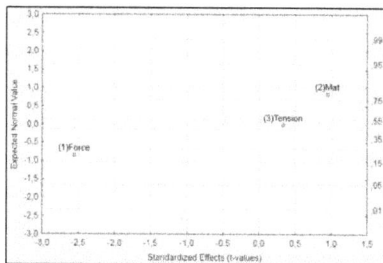

Figure C-136 : Normalité par moitié sur les contraintes
internes de la plaque de croissance inférieure de la vertèbre
L1 pour l'étude 4 sur le patient 3

192

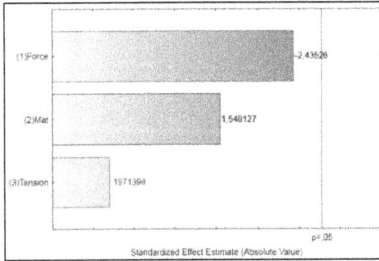

**Figure C-137 : Diagramme de Pareto sur les contraintes
internes de la plaque de croissance supérieure de la vertèbre
L2 pour l'étude 4 sur le patient 3**

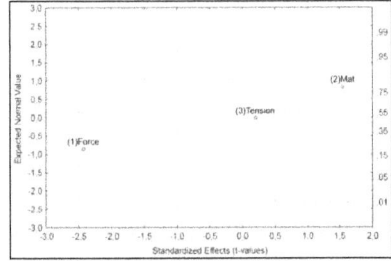

**Figure C-138 : Normalité par moitié sur les contraintes
internes de la plaque de croissance supérieure de la vertèbre
L2 pour l'étude 4 sur le patient 3**

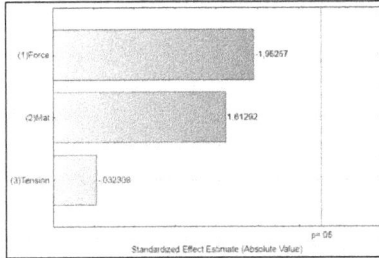

**Figure C-139 : Diagramme de Pareto sur les contraintes
internes de la plaque de croissance inférieure de la vertèbre
L2 pour l'étude 4 sur le patient 3**

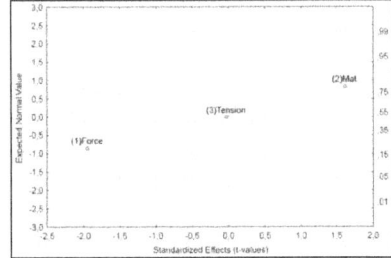

**Figure C-140 : Normalité par moitié sur les contraintes
internes de la plaque de croissance inférieure de la vertèbre
L2 pour l'étude 4 sur le patient 3**

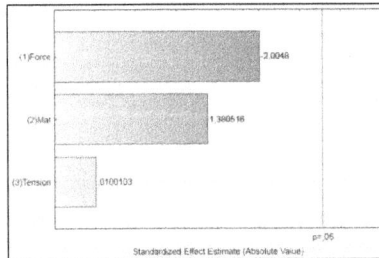

**Figure C-141 : Diagramme de Pareto sur les contraintes
internes de la plaque de croissance supérieure de la vertèbre
L3 pour l'étude 4 sur le patient 3**

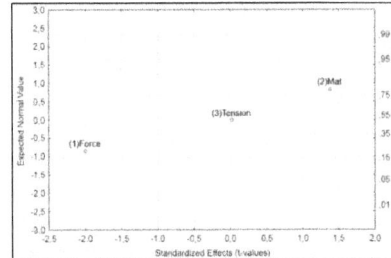

**Figure C-142 : Normalité par moitié sur les contraintes
internes de la plaque de croissance supérieure de la vertèbre
L3 pour l'étude 4 sur le patient 3**

193

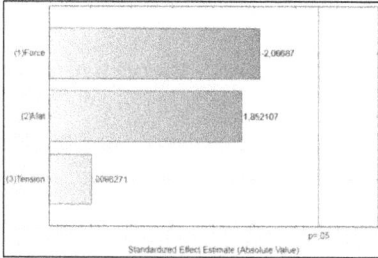

Figure C-143 : Diagramme de Pareto sur les contraintes internes de la plaque de croissance inférieure de la vertèbre L3 pour l'étude 4 sur le patient 3

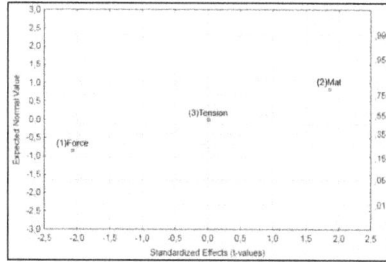

Figure C-144 : Normalité par moitié sur les contraintes internes de la plaque de croissance inférieure de la vertèbre L3 pour l'étude 4 sur le patient 3

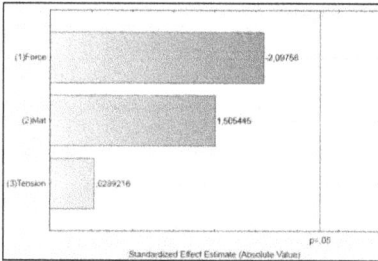

Figure C-145 : Diagramme de Pareto sur les contraintes internes de la plaque de croissance supérieure de la vertèbre L4 pour l'étude 4 sur le patient 3

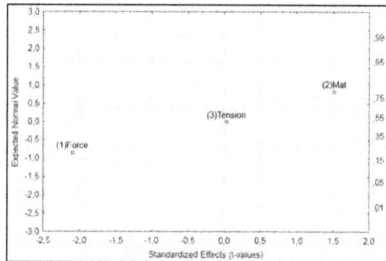

Figure C-146 : Normalité par moitié sur les contraintes internes de la plaque de croissance supérieure de la vertèbre L4 pour l'étude 4 sur le patient 3

Résultats pour le patient 4 :

En ce qui concerne l'angle de Cobb, le diagramme de Pareto et le tracé de la normalité par moitié sont les suivants :

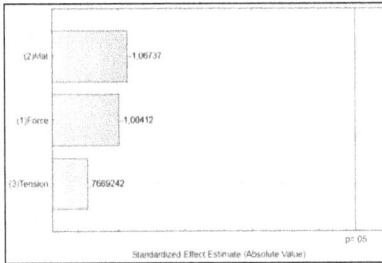

Figure C-147 : Diagramme de Pareto sur l'angle de Cobb pour l'étude 4 sur le patient 4

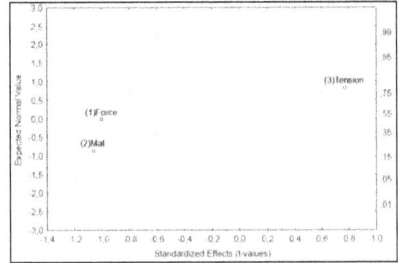

Figure C-148 : Normalité par moitié sur l'angle de Cobb pour l'étude 4 sur le patient 4

En ce qui concerne la lordose lombaire, le diagramme de Pareto et le tracé de la normalité par moitié sont les suivants :

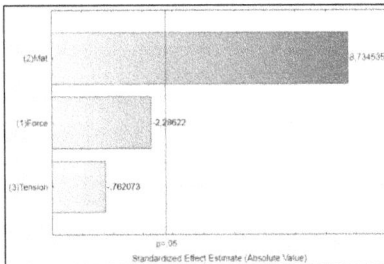

Figure C-149 : Diagramme de Pareto sur la lordose pour l'étude 4 sur le patient 4

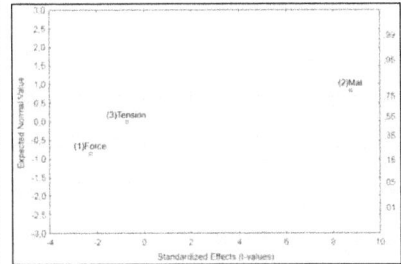

Figure C-150 : Normalité par moitié sur la lordose pour l'étude 4 sur le patient 4

195

En ce qui concerne la cyphose thoracique, le diagramme de Pareto et le tracé de la normalité par moitié sont les suivants :

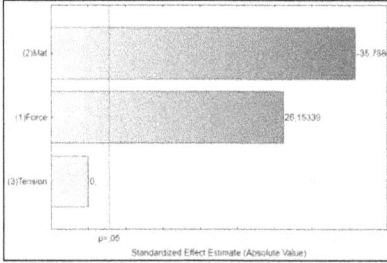

Figure C-151 : Diagramme de Pareto sur la cyphose pour
l'étude 4 sur le patient 4

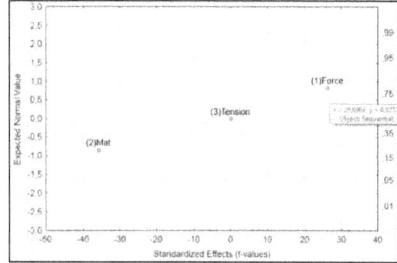

Figure C-152 : Normalité par moitié sur la cyphose pour
l'étude 4 sur le patient 4

En ce qui concerne la cunéiformisation des disques intervertébraux, les diagrammes de Pareto et le tracé de la normalité par moitié sont les suivants :

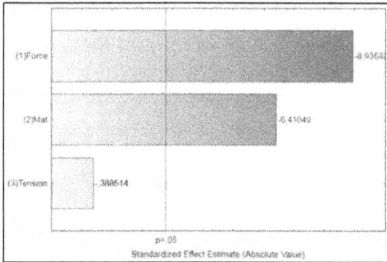

Figure C-153 : Diagramme de Pareto sur la
cunéiformisation du disque intervertébral T10-T11 pour
l'étude 4 sur le patient 4

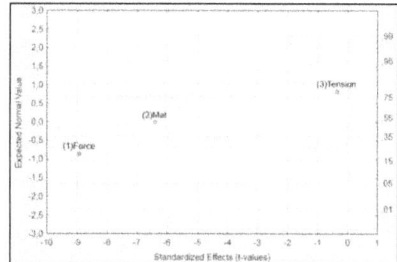

Figure C-154 : Normalité par moitié sur la cunéiformisation
du disque intervertébral T10-T11 pour l'étude 4 sur le
patient 4

196

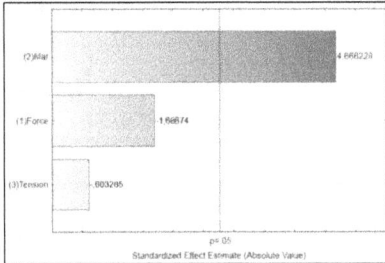

Figure C-155 : Diagramme de Pareto sur la cunéiformisation du disque intervertébral T11-T12 pour l'étude 4 sur le patient 4

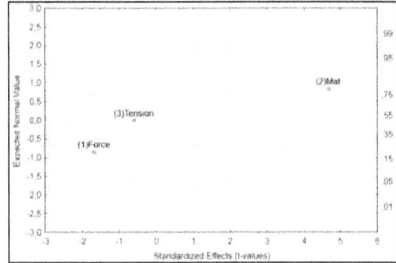

Figure C-156 : Normalité par moitié sur la cunéiformisation du disque intervertébral T11-T12 pour l'étude 4 sur le patient 4

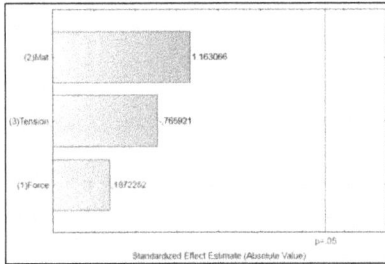

Figure C-157 : Diagramme de Pareto sur la cunéiformisation du disque intervertébral T12-L1 pour l'étude 4 sur le patient 4

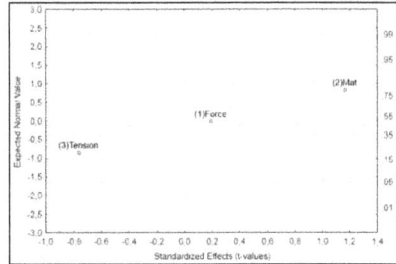

Figure C-158 : Normalité par moitié sur la cunéiformisation du disque intervertébral T12-L1 pour l'étude 4 sur le patient 4

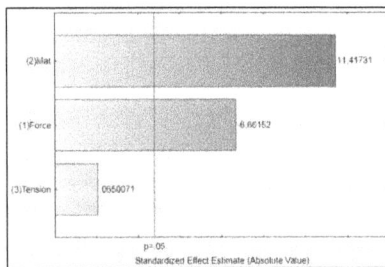

Figure C-159 : Diagramme de Pareto sur la cunéiformisation du disque intervertébral L1-L2 pour l'étude 4 sur le patient 4

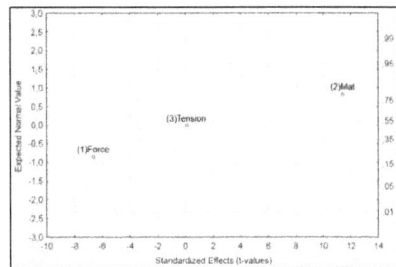

Figure C-160 : Normalité par moitié sur la cunéiformisation du disque intervertébral L1-L2 pour l'étude 4 sur le patient 4

197

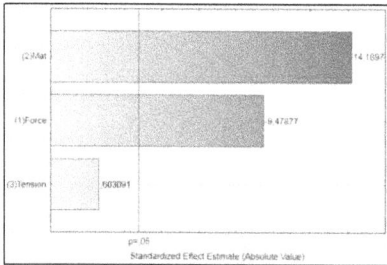

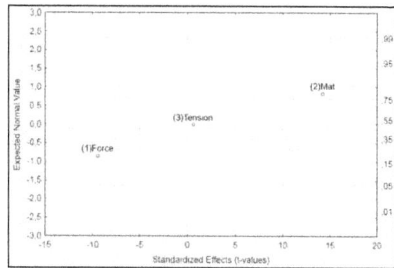

Figure C-161 : Diagramme de Pareto sur la cunéiformisation du disque intervertébral L2-L3 pour l'étude 4 sur le patient 4

Figure C-162 : Normalité par moitié sur la cunéiformisation du disque intervertébral L2-L3 pour l'étude 4 sur le patient 4

En ce qui concerne les contraintes internes dans les plaques de croissance, les diagrammes de Pareto et les tracés de la normalité par moitié sont les suivants :

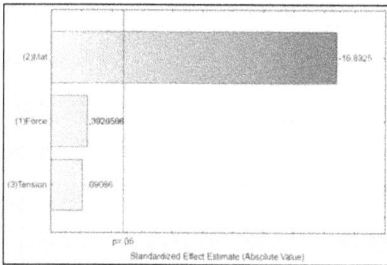

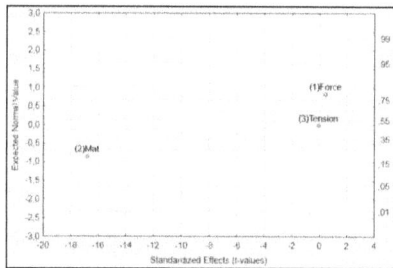

Figure C-163 : Diagramme de Pareto sur les contraintes internes de la plaque de croissance inférieure de la vertèbre T10 pour l'étude 4 sur le patient 4

Figure C-164 : Normalité par moitié sur les contraintes internes de la plaque de croissance inférieure de la vertèbre T10 pour l'étude 4 sur le patient 4

198

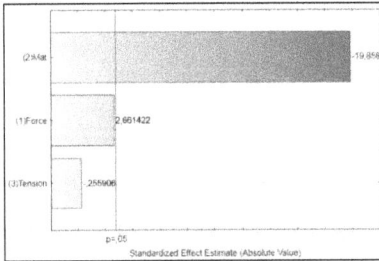

Figure C-165 : Diagramme de Pareto sur les contraintes
internes de la plaque de croissance supérieure de la vertèbre
T11 pour l'étude 4 sur le patient 4

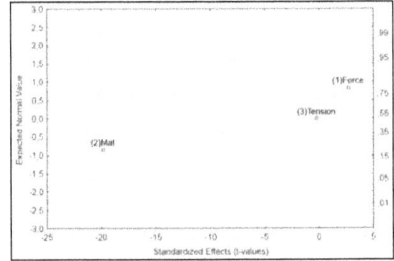

Figure C-166 : Normalité par moitié sur les contraintes
internes de la plaque de croissance supérieure de la vertèbre
T11 pour l'étude 4 sur le patient 4

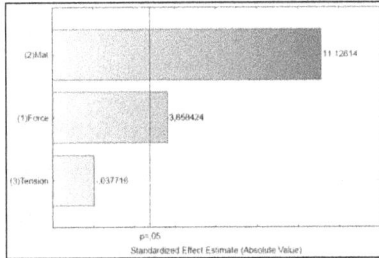

Figure C-167 : Diagramme de Pareto sur les contraintes
internes de la plaque de croissance inférieure de la vertèbre
T11 pour l'étude 4 sur le patient 4

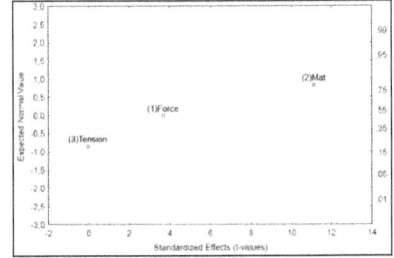

Figure C-168 : Normalité par moitié sur les contraintes
internes de la plaque de croissance inférieure de la vertèbre
T11 pour l'étude 4 sur le patient 4

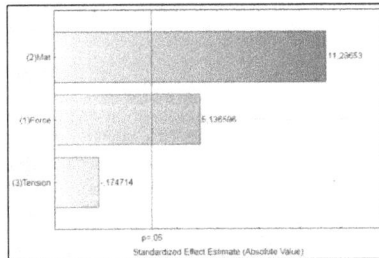

Figure C-169 : Diagramme de Pareto sur les contraintes
internes de la plaque de croissance supérieure de la vertèbre
T12 pour l'étude 4 sur le patient 4

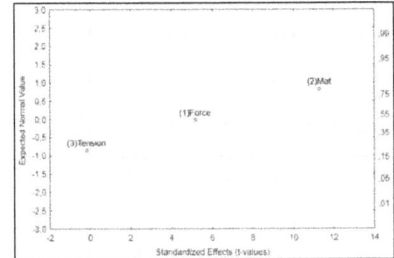

Figure C-170 : Normalité par moitié sur les contraintes
internes de la plaque de croissance supérieure de la vertèbre
T12 pour l'étude 4 sur le patient 4

199

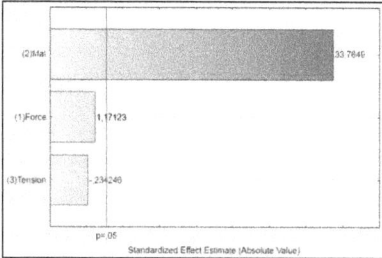

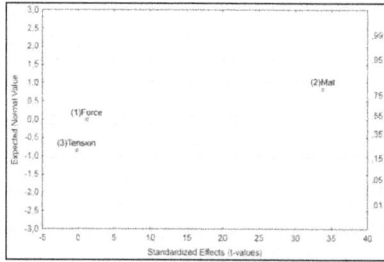

Figure C-171 : Diagramme de Pareto sur les contraintes
internes de la plaque de croissance inférieure de la vertèbre
T12 pour l'étude 4 sur le patient 4

Figure C-172: Normalité par moitié sur les contraintes
internes de la plaque de croissance inférieure de la vertèbre
T12 pour l'étude 4 sur le patient 4

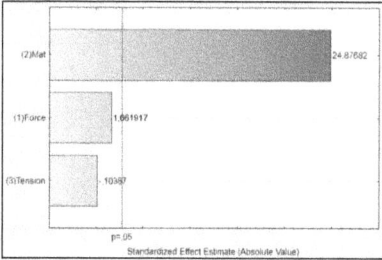

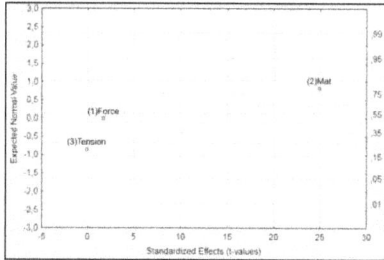

Figure C-173 : Diagramme de Pareto sur les contraintes
internes de la plaque de croissance supérieure de la vertèbre
L1 pour l'étude 4 sur le patient 4

Figure C-174 : Normalité par moitié sur les contraintes
internes de la plaque de croissance supérieure de la vertèbre
L1 pour l'étude 4 sur le patient 4

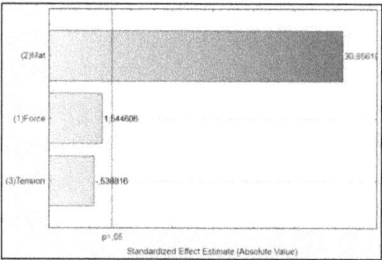

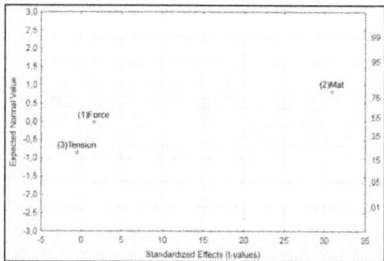

Figure C-175 : Diagramme de Pareto sur les contraintes
internes de la plaque de croissance inférieure de la vertèbre
L1 pour l'étude 4 sur le patient 4

Figure C-176 : Normalité par moitié sur les contraintes
internes de la plaque de croissance inférieure de la vertèbre
L1 pour l'étude 4 sur le patient 4

200

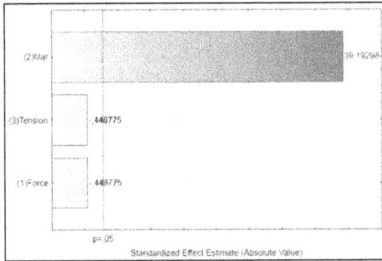

**Figure C-177 : Diagramme de Pareto sur les contraintes
internes de la plaque de croissance supérieure de la vertèbre
L2 pour l'étude 4 sur le patient 4**

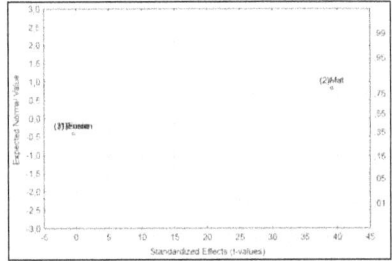

**Figure C-178 : Normalité par moitié sur les contraintes
internes de la plaque de croissance supérieure de la vertèbre
L2 pour l'étude 4 sur le patient 4**

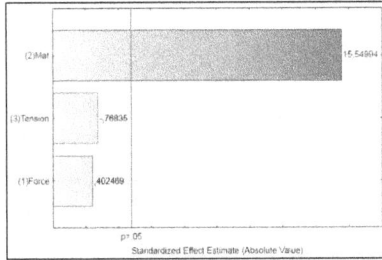

**Figure C-179 : Diagramme de Pareto sur les contraintes
internes de la plaque de croissance inférieure de la vertèbre
L2 pour l'étude 4 sur le patient 4**

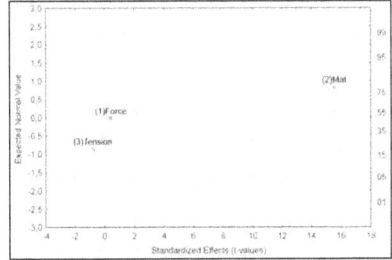

**Figure C-180 : Normalité par moitié sur les contraintes
internes de la plaque de croissance inférieure de la vertèbre
L2 pour l'étude 4 sur le patient 4**

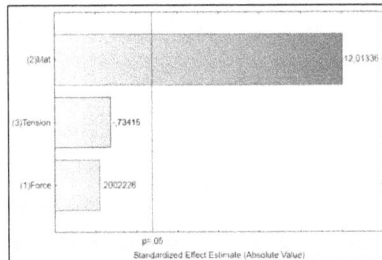

**Figure C-181 : Diagramme de Pareto sur les contraintes
internes de la plaque de croissance supérieure de la vertèbre
L3 pour l'étude 4 sur le patient 4**

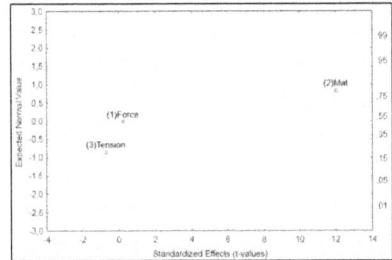

**Figure C-182 : Normalité par moitié sur les contraintes
internes de la plaque de croissance supérieure de la vertèbre
L3 pour l'étude 4 sur le patient 4**

201

Résultats pour le patient 5 :

En ce qui concerne l'angle de Cobb, le diagramme de Pareto et le tracé de la normalité par moitié sont les suivants :

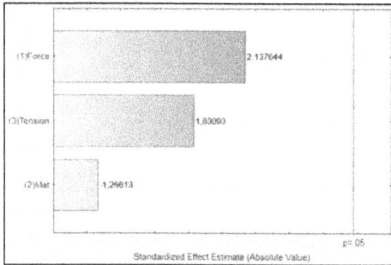

Figure C-183 : Diagramme de Pareto sur l'angle de Cobb pour l'étude 4 sur le patient 5

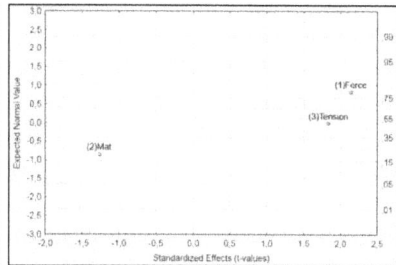

Figure C-184 : Normalité par moitié sur l'angle de Cobb pour l'étude 4 sur le patient 5

En ce qui concerne la lordose lombaire, le diagramme de Pareto et le tracé de la normalité par moitié sont les suivants :

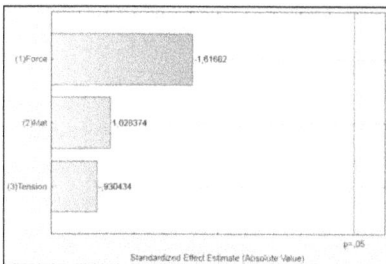

Figure C-185 : Diagramme de Pareto sur la lordose pour l'étude 4 sur le patient 5

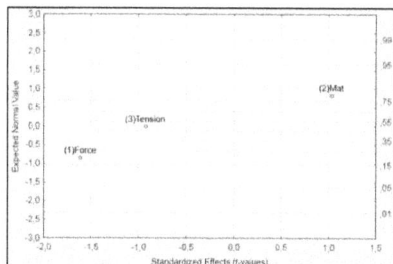

Figure C-186 : Normalité par moitié sur la lordose pour l'étude 4 sur le patient 5

202

En ce qui concerne la cyphose thoracique, le diagramme de Pareto et le tracé de la normalité par moitié sont les suivants :

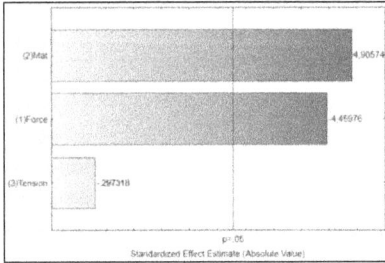

Figure C-187 : Diagramme de Pareto sur la cyphose pour l'étude 4 sur le patient 5

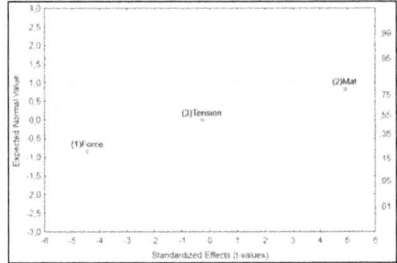

Figure C-188 : Normalité par moitié sur la cyphose pour l'étude 4 sur le patient 5

En ce qui concerne la cunéiformisation des disques intervertébraux, les diagrammes de Pareto et le tracé de la normalité par moitié sont les suivants :

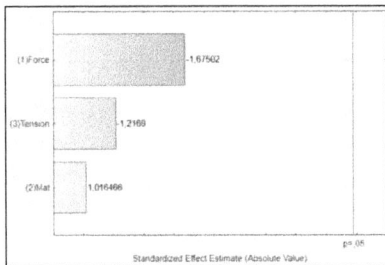

Figure C-189 : Diagramme de Pareto sur la cunéiformisation du disque intervertébral T10-T11 pour l'étude 4 sur le patient 5

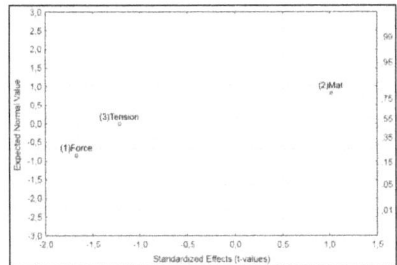

Figure C-190 : Normalité par moitié sur la cunéiformisation du disque intervertébral T10-T11 pour l'étude 4 sur le patient 5

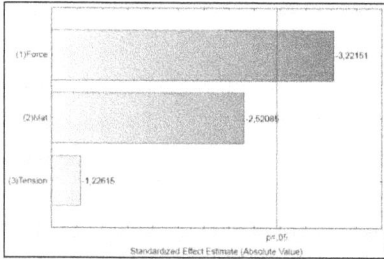

Figure C-191 : Diagramme de Pareto sur la cunéiformisation du disque intervertébral T11-T12 pour l'étude 4 sur le patient 5

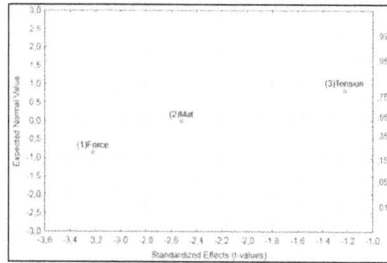

Figure C-192 : Normalité par moitié sur la cunéiformisation du disque intervertébral T11-T12 pour l'étude 4 sur le patient 5

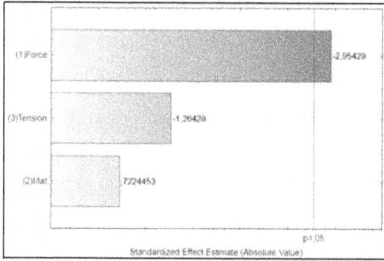

Figure C-193 : Diagramme de Pareto sur la cunéiformisation du disque intervertébral T12-L1 pour l'étude 4 sur le patient 5

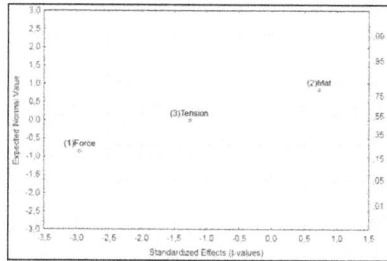

Figure C-194 : Normalité par moitié sur la cunéiformisation du disque intervertébral T12-L1 pour l'étude 4 sur le patient 5

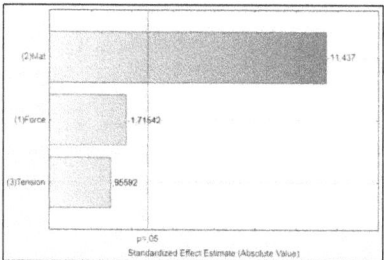

Figure C-195 : Diagramme de Pareto sur la cunéiformisation du disque intervertébral L1-L2 pour l'étude 4 sur le patient 5

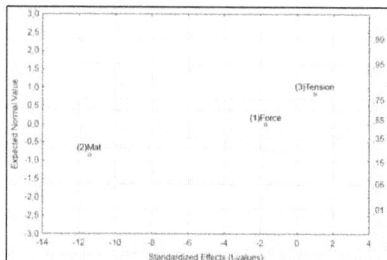

Figure C-196 : Normalité par moitié sur la cunéiformisation du disque intervertébral L1-L2 pour l'étude 4 sur le patient 5

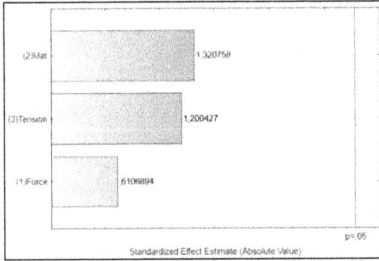

Figure C-197 : Diagramme de Pareto sur la cunéiformisation du disque intervertébral L2-L3 pour l'étude 4 sur le patient 5

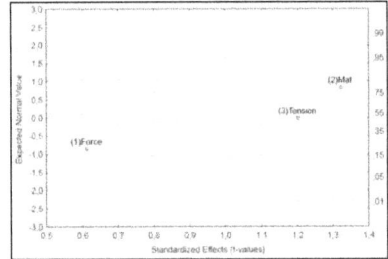

Figure C-198 : Normalité par moitié sur la cunéiformisation du disque intervertébral L2-L3 pour l'étude 4 sur le patient 5

En ce qui concerne les contraintes internes dans les plaques de croissance, les diagrammes de Pareto et les tracés de la normalité par moitié sont les suivants :

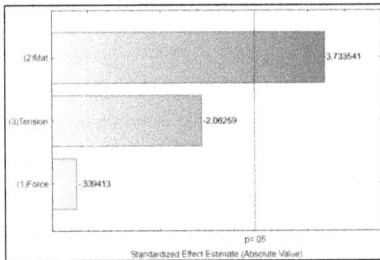

Figure C-199 : Diagramme de Pareto sur les contraintes internes de la plaque de croissance inférieure de la vertèbre T10 pour l'étude 4 sur le patient 5

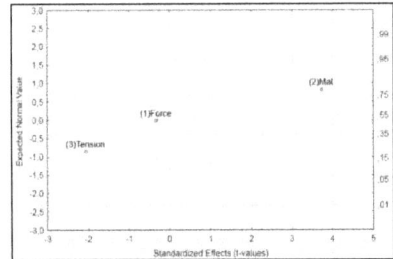

Figure C-200 : Normalité par moitié sur les contraintes internes de la plaque de croissance inférieure de la vertèbre T10 pour l'étude 4 sur le patient 5

205

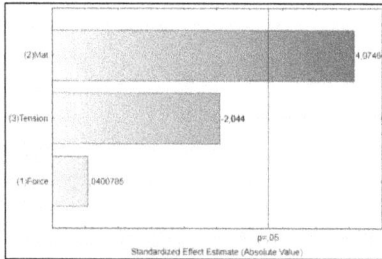

Figure C-201 : Diagramme de Pareto sur les contraintes internes de la plaque de croissance supérieure de la vertèbre T11 pour l'étude 4 sur le patient 5

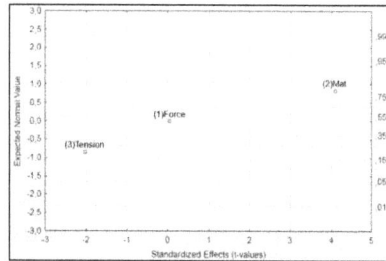

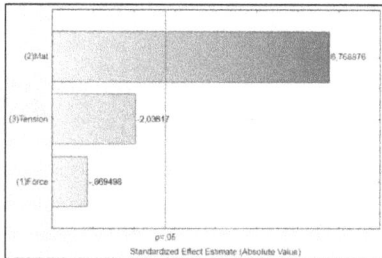

Figure C-202 : Normalité par moitié sur les contraintes internes de la plaque de croissance supérieure de la vertèbre T11 pour l'étude 4 sur le patient 5

Figure C-203 : Diagramme de Pareto sur les contraintes internes de la plaque de croissance inférieure de la vertèbre T11 pour l'étude 4 sur le patient 5

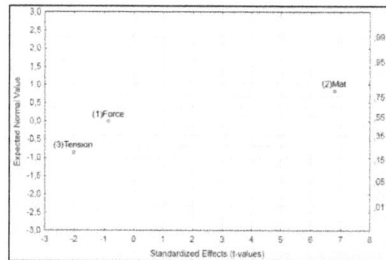

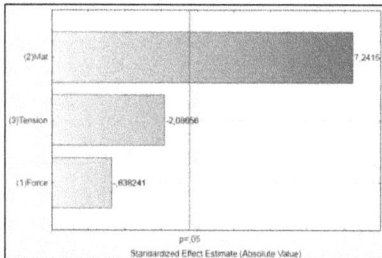

Figure C-204 : Normalité par moitié sur les contraintes internes de la plaque de croissance inférieure de la vertèbre T11 pour l'étude 4 sur le patient 5

Figure C-205 : Diagramme de Pareto sur les contraintes internes de la plaque de croissance supérieure de la vertèbre T12 pour l'étude 4 sur le patient 5

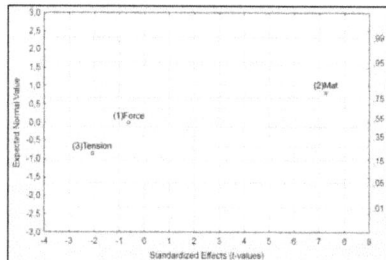

Figure C-206 : Normalité par moitié sur les contraintes internes de la plaque de croissance supérieure de la vertèbre T12 pour l'étude 4 sur le patient 5

206

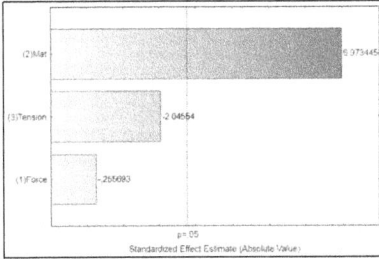

Figure C-207 : Diagramme de Pareto sur les contraintes internes de la plaque de croissance inférieure de la vertèbre T12 pour l'étude 4 sur le patient 5

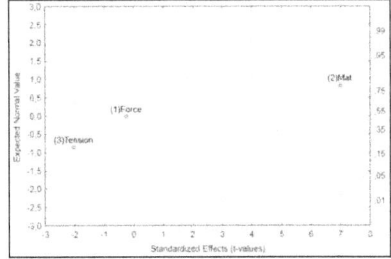

Figure C-208 : Normalité par moitié sur les contraintes internes de la plaque de croissance inférieure de la vertèbre T12 pour l'étude 4 sur le patient 5

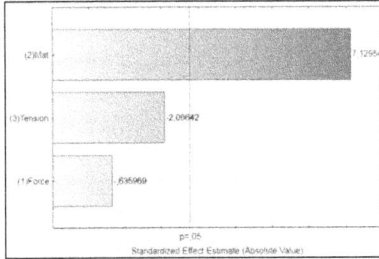

Figure C-209 : Diagramme de Pareto sur les contraintes internes de la plaque de croissance supérieure de la vertèbre L1 pour l'étude 4 sur le patient 5

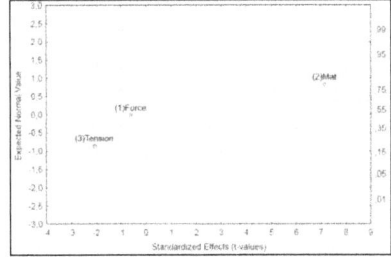

Figure C-210 : Normalité par moitié sur les contraintes internes de la plaque de croissance supérieure de la vertèbre L1 pour l'étude 4 sur le patient 5

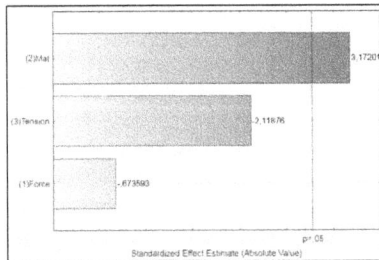

Figure C-211 : Diagramme de Pareto sur les contraintes internes de la plaque de croissance inférieure de la vertèbre L1 pour l'étude 4 sur le patient 5

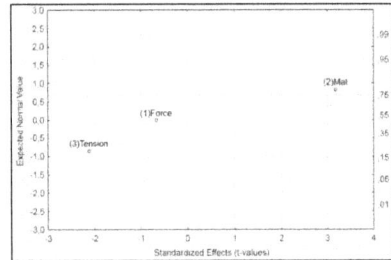

Figure C-212 : Normalité par moitié sur les contraintes internes de la plaque de croissance inférieure de la vertèbre L1 pour l'étude 4 sur le patient 5

207

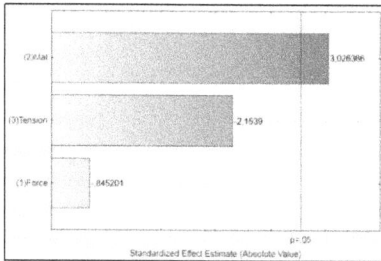

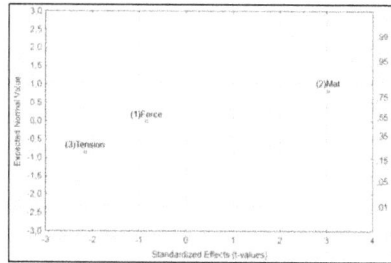

Figure C-213 : Diagramme de Pareto sur les contraintes internes de la plaque de croissance supérieure de la vertèbre L2 pour l'étude 4 sur le patient 5

Figure C-214 : Normalité par moitié sur les contraintes internes de la plaque de croissance supérieure de la vertèbre L2 pour l'étude 4 sur le patient 5

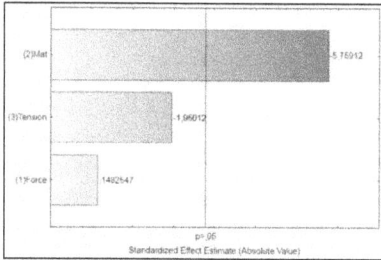

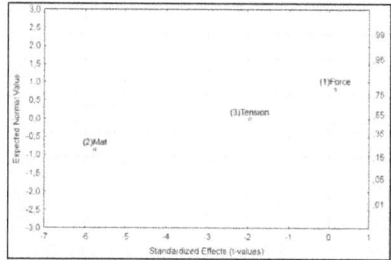

Figure C-215 : Diagramme de Pareto sur les contraintes internes de la plaque de croissance inférieure de la vertèbre L2 pour l'étude 4 sur le patient 5

Figure C-216 : Normalité par moitié sur les contraintes internes de la plaque de croissance inférieure de la vertèbre L2 pour l'étude 4 sur le patient 5

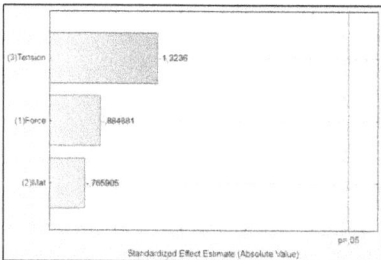

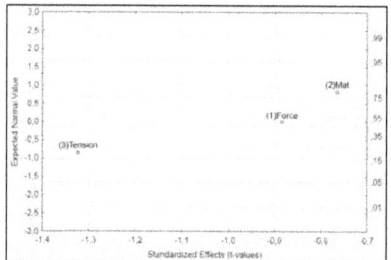

Figure C-217 : Diagramme de Pareto sur les contraintes internes de la plaque de croissance supérieure de la vertèbre L3 pour l'étude 4 sur le patient 5

Figure C-218 : Normalité par moitié sur les contraintes internes de la plaque de croissance supérieure de la vertèbre L3 pour l'étude 4 sur le patient 5

208

Résultats pour le patient 6 :

En ce qui concerne l'angle de Cobb, le diagramme de Pareto et le tracé de la normalité par moitié sont les suivants :

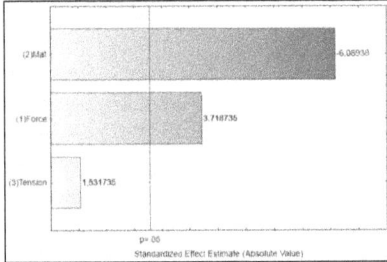

Figure C-219 : Diagramme de Pareto sur l'angle de Cobb pour l'étude 4 sur le patient 6

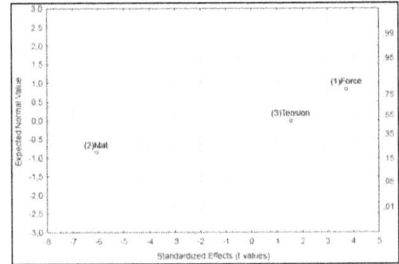

Figure C-220 : Normalité par moitié sur l'angle de Cobb pour l'étude 4 sur le patient 6

En ce qui concerne la lordose lombaire, le diagramme de Pareto et le tracé de la normalité par moitié sont les suivants :

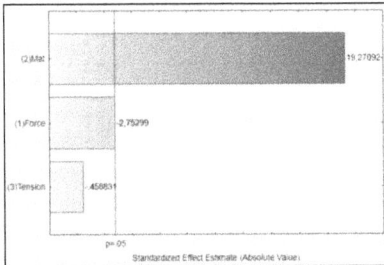

Figure C-221 : Diagramme de Pareto sur la lordose pour l'étude 4 sur le patient 6

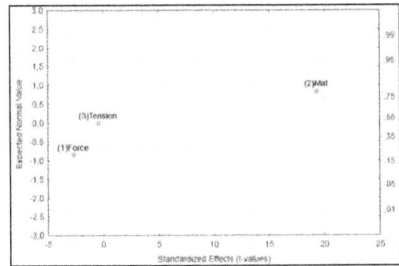

Figure C-222 : Normalité par moitié sur la lordose pour l'étude 4 sur le patient 6

En ce qui concerne la cyphose thoracique, le diagramme de Pareto et le tracé de la normalité par moitié sont les suivants :

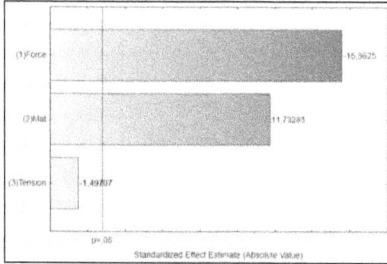

Figure C-223 : Diagramme de Pareto sur la cyphose pour l'étude 4 sur le patient 6

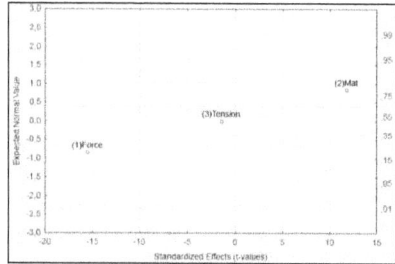

Figure C-224 : Normalité par moitié sur la cyphose pour l'étude 4 sur le patient 6

En ce qui concerne la cunéiformisation des disques intervertébraux, les diagrammes de Pareto et le tracé de la normalité par moitié sont les suivants :

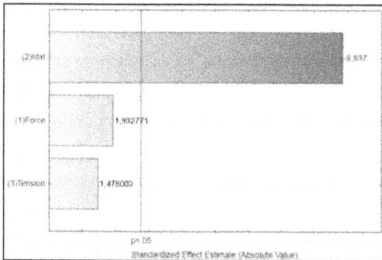

Figure C-225 : Diagramme de Pareto sur la cunéiformisation du disque intervertébral T11-T12 pour l'étude 4 sur le patient 6

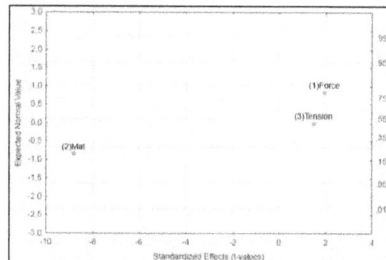

Figure C-226 : Normalité par moitié sur la cunéiformisation du disque intervertébral T11-T12 pour l'étude 4 sur le patient 6

210

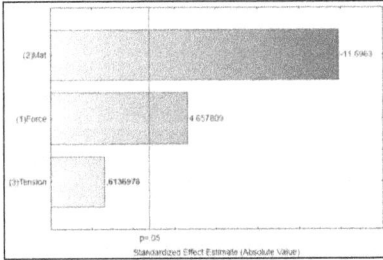

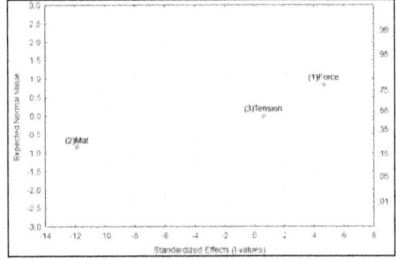

Figure C-227 : Diagramme de Pareto sur la cunéiformisation du disque intervertébral T12-L1 pour l'étude 4 sur le patient 6

Figure C-228 : Normalité par moitié sur la cunéiformisation du disque intervertébral T12-L1 pour l'étude 4 sur le patient 6

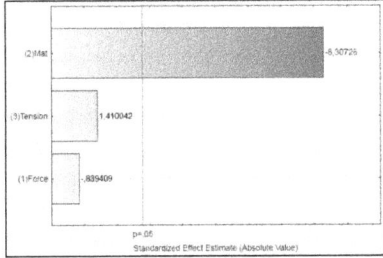

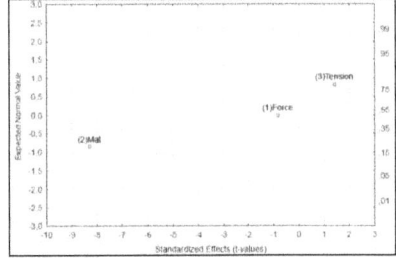

Figure C-229 : Diagramme de Pareto sur la cunéiformisation du disque intervertébral L1-L2 pour l'étude 4 sur le patient 6

Figure C-230 : Normalité par moitié sur la cunéiformisation du disque intervertébral L1-L2 pour l'étude 4 sur le patient 6

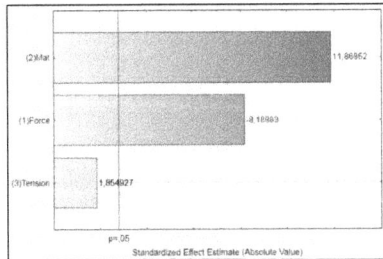

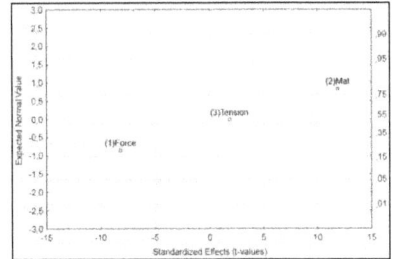

Figure C-231 : Diagramme de Pareto sur la cunéiformisation du disque intervertébral L2-L3 pour l'étude 4 sur le patient 6

Figure C-232 : Normalité par moitié sur la cunéiformisation du disque intervertébral L2-L3 pour l'étude 4 sur le patient 6

211

En ce qui concerne les contraintes internes dans les plaques de croissance, les diagrammes de Pareto et les tracés de la normalité par moitié sont les suivants :

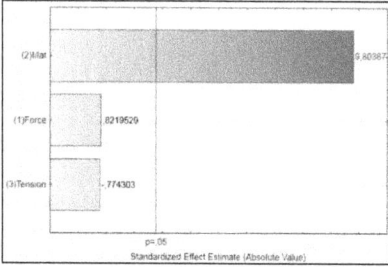

Figure C-233 : Diagramme de Pareto sur les contraintes internes de la plaque de croissance inférieure de la vertèbre T11 pour l'étude 4 sur le patient 6

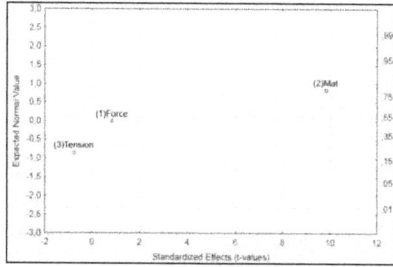

Figure C-234 : Normalité par moitié sur les contraintes internes de la plaque de croissance inférieure de la vertèbre T11 pour l'étude 4 sur le patient 6

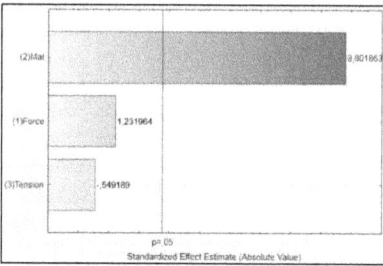

Figure C-235 : Diagramme de Pareto sur les contraintes internes de la plaque de croissance supérieure de la vertèbre T12 pour l'étude 4 sur le patient 6

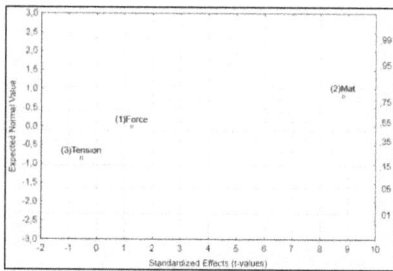

Figure C-236 : Normalité par moitié sur les contraintes internes de la plaque de croissance supérieure de la vertèbre T12 pour l'étude 4 sur le patient 6

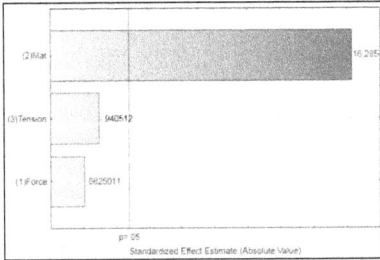

Figure C-237 : Diagramme de Pareto sur les contraintes internes de la plaque de croissance inférieure de la vertèbre T12 pour l'étude 4 sur le patient 6

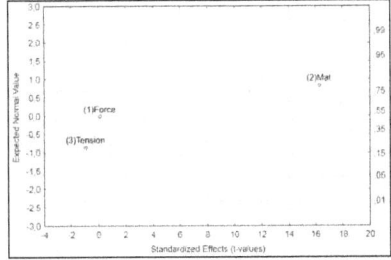

Figure C-238 : Normalité par moitié sur les contraintes internes de la plaque de croissance inférieure de la vertèbre T12 pour l'étude 4 sur le patient 6

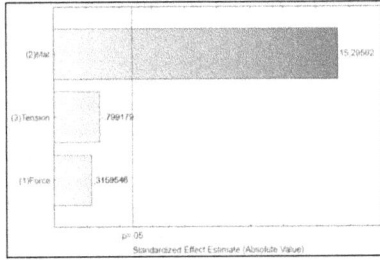

Figure C-239 : Diagramme de Pareto sur les contraintes internes de la plaque de croissance supérieure de la vertèbre L1 pour l'étude 4 sur le patient 6

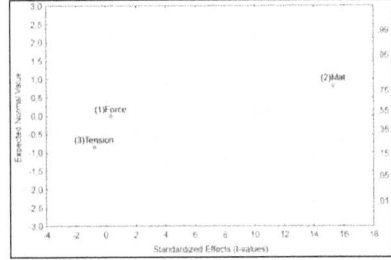

Figure C-240 : Normalité par moitié sur les contraintes internes de la plaque de croissance supérieure de la vertèbre L1 pour l'étude 4 sur le patient 6

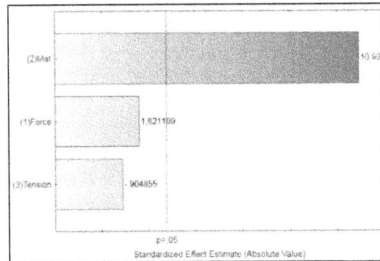

Figure C-241 : Diagramme de Pareto sur les contraintes internes de la plaque de croissance inférieure de la vertèbre L1 pour l'étude 4 sur le patient 6

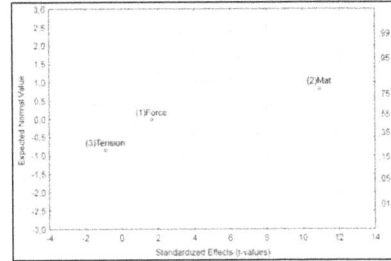

Figure C-242 : Normalité par moitié sur les contraintes internes de la plaque de croissance inférieure de la vertèbre L1 pour l'étude 4 sur le patient 6

213

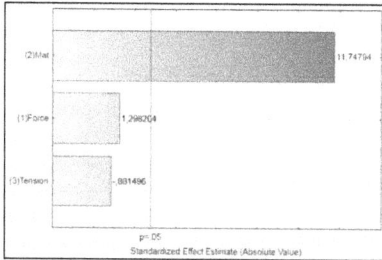

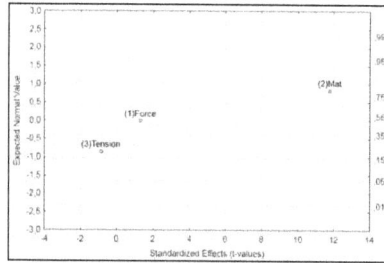

Figure C-243 : Diagramme de Pareto sur les contraintes internes de la plaque de croissance supérieure de la vertèbre L2 pour l'étude 4 sur le patient 6

Figure C-244 : Normalité par moitié sur les contraintes internes de la plaque de croissance supérieure de la vertèbre L2 pour l'étude 4 sur le patient 6

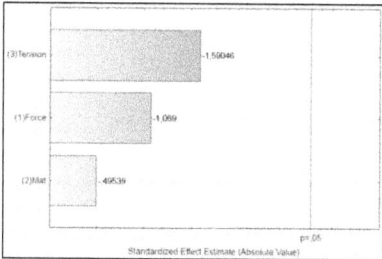

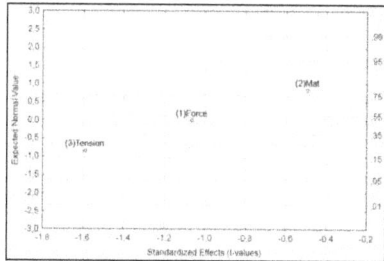

Figure C-245 : Diagramme de Pareto sur les contraintes internes de la plaque de croissance inférieure de la vertèbre L2 pour l'étude 4 sur le patient 6

Figure C-246 : Normalité par moitié sur les contraintes internes de la plaque de croissance inférieure de la vertèbre L2 pour l'étude 4 sur le patient 6

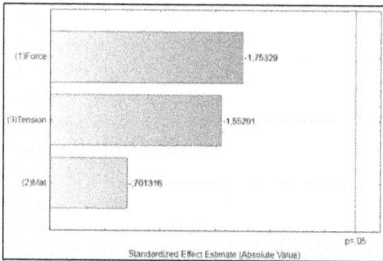

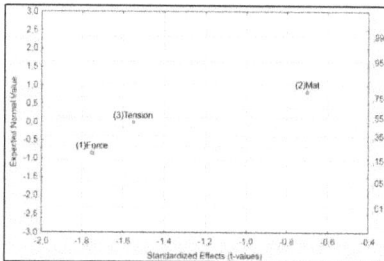

Figure C-247 : Diagramme de Pareto sur les contraintes internes de la plaque de croissance supérieure de la vertèbre L3 pour l'étude 4 sur le patient 6

Figure C-248 : Normalité par moitié sur les contraintes internes de la plaque de croissance supérieure de la vertèbre L3 pour l'étude 4 sur le patient 6

214

www.ingramcontent.com/pod-product-compliance
Lightning Source LLC
Chambersburg PA
CBHW021036210326
41598CB00016B/1046